U0206931

BLUE BOOK

智 库 成 果 出 版 与 传 播 平 台

农业应对气候变化蓝皮书
BLUE BOOK OF AGRICULTURE FOR
ADDRESSING CLIMATE CHANGE

气候变化对中国植被生态质量影响评估报告 *No.4*

ASSESSMENT REPORT OF CLIMATE CHANGE IMPACTS ON VEGETATION ECOLOGICAL QUALITY IN CHINA No.4

主　编／周广胜　汲玉河　张　迪
副主编／吕晓敏　周　莉

社会科学文献出版社
SOCIAL SCIENCES ACADEMIC PRESS（CHINA）

图书在版编目（CIP）数据

气候变化对中国植被生态质量影响评估报告 . No.4 /
周广胜 , 汲玉河 , 张迪主编 ; 吕晓敏 , 周莉副主编 .
北京 : 社会科学文献出版社 , 2024. 9. -- (农业应对气
候变化蓝皮书). -- ISBN 978-7-5228-4117-5

Ⅰ . Q948.1

中国国家版本馆 CIP 数据核字第 20243J8R12 号

农业应对气候变化蓝皮书

气候变化对中国植被生态质量影响评估报告No.4

主　　编 / 周广胜　汲玉河　张　迪
副 主 编 / 吕晓敏　周　莉

出 版 人 / 冀祥德
责任编辑 / 刘学谦
责任印制 / 王京美

出　　　版 / 社会科学文献出版社·文化传媒分社（010）59367004
　　　　　　地址：北京市北三环中路甲29号院华龙大厦　邮编：100029
　　　　　　网址：www. ssap. com. cn
发　　　行 / 社会科学文献出版社（010）59367028
印　　　装 / 三河市东方印刷有限公司

规　　　格 / 开本：787mm×1092mm　1/16
　　　　　　印 张：20.25　字 数：303千字
版　　　次 / 2024年9月第1版　2024年9月第1次印刷
书　　　号 / ISBN 978-7-5228-4117-5
审 图 号 / GS（2021）7942号
定　　　价 / 139.00元

读者服务电话：4008918866

编委会

主　编　周广胜　汲玉河　张　迪
副主编　吕晓敏　周　莉
编　委（按拼音排序）
　　　　耿金剑　汲玉河　吕晓敏　宋兴阳　张　迪
　　　　周广胜　周怀林　周　莉　周梦子

主要编撰者简介

周广胜 男，1965年出生，理学博士。现任中国气象科学研究院二级研究员、博士生导师，主要从事生态气象研究。国家杰出青年基金获得者、"新世纪百千万人才工程"国家级人选和中国气象局气象杰出人才。现任世界气象组织农业服务委员会常设委员、中国生态学学会生态气象专业委员会主任委员、中国灾害防御协会科技奖评审委员会主任委员。获国家科技进步奖二等奖1项，中国技术市场金桥奖、中国气象学会大气科学基础研究成果奖一等奖等省部级奖10余项。

汲玉河 男，1977年出生，理学博士。现任中国气象科学研究院研究员、硕士生导师，主要从事植被生态系统、气候风险和碳源汇研究。主持项目8项，发表论文50余篇，出版专著5部。获中国地理信息产业协会地理信息产业优秀工程奖金奖、中国环境科学学会环境保护科学技术奖二等奖等。

张 迪 女，1978年出生，理学博士。现任中国气象局应急减灾与公共服务司副司长，主要从事生态环境气象保障发展规划和业务管理工作。组织编制生态环境领域气象行业标准和业务规范19个。2017年，创立中国气象局《全国生态气象公报》《大气环境气象公报》年报制度。获第三届"中国生态文明奖"先进个人称号。

吕晓敏 女，1989年出生，理学博士。现任中国气象科学研究院副研究员，主要从事气候变化的影响与适应研究。发表论文20余篇，参编专著4部。获中国技术市场协会金桥奖、中国地理信息产业协会地理信息产业优秀工程奖金奖、中国气象学会第十二届全国气象科普优秀作品"音视频类"一等奖等。

周 莉 女，1975年出生，理学博士。现任中国气象科学研究院研究员、博士生导师，主要从事生态气象研究。发表论文90余篇，主编/参编专著10部，获专利5项、软件著作权3项。获中国地理信息产业协会地理信息产业优秀工程奖金奖、中国环境科学学会环境保护科学技术奖二等奖等。

宋兴阳 男，1991年出生，理学博士，现任中国气象科学研究院助理研究员，主要从事农业生态气象研究，发表论文10余篇，获中国技术市场协会金桥奖和中国地理信息产业协会地理信息产业优秀工程奖金奖等。

周怀林 男，1990年出生，理学博士。现任中国气象科学研究院副研究员，主要从事农业生态气象研究。主持或参与国家自然科学基金青年和重点项目等6项，发表论文10余篇，参与制定国家标准1项。获中国地理信息产业协会优秀工程奖金奖和中国技术市场协会三农科技服务金桥奖二等奖等。

周梦子 女，1988年出生，理学博士。现任中国气象科学研究院副研究员，主要从事气候变化及其影响评估研究。发表论文10余篇，参编专著2部。获中国技术市场协会第四届三农科技服务金桥奖二等奖、中国地理信息产业协会地理信息产业优秀工程奖金奖等。

耿金剑 男，1990年出生，理学硕士。现任中国气象科学研究院助理研究员，主要从事气候变化与气候资源利用研究。发表论文8篇，获发明专利1项，参与制定国家标准1项。获中国气象学会第十二届全国气象科普优秀作品"音视频类"一等奖等。

专题报告作者简介

耿金剑　硕士，中国气象科学研究院生态与农业气象研究所，助理研究员。主要从事气候变化与气候资源利用研究。

汲玉河　博士，中国气象科学研究院生态与农业气象研究所，研究员，硕士生导师。主要从事植被生态系统、气候风险和碳源汇研究。

吕晓敏　博士，中国气象科学研究院生态与农业气象研究所，副研究员。主要从事气候变化的影响与适应研究。

宋兴阳　博士，中国气象科学研究院生态与农业气象研究所，助理研究员。主要从事农业生态气象方面的研究。

张　迪　博士，中国气象局应急减灾与公共服务司副司长。主要从事生态环境气象保障发展规划和业务管理工作。

周广胜　博士，中国气象科学研究院生态与农业气象研究所，二级研究员，博士生导师。主要从事生态气象研究。

周怀林　博士，中国气象科学研究院生态与农业气象研究所，副研究员。主要从事农业生态气象研究。

周 莉 博士，中国气象科学研究院生态与农业气象研究所，研究员，博士生导师。主要从事生态气象研究。

周梦子 博士，中国气象科学研究院生态与农业气象研究所，副研究员。主要从事气候变化及其影响评估研究。

研究资料说明

　　研究资料包括遥感数据、土地利用数据、"三区四带"地理分布数据和气象数据。其中，2000~2022 年归一化植被指数（NDVI）来源于美国国家航空航天局地球观测系统数据和信息系统（NASA's Earth Observing System Data and Information System）提供的空间分辨率为 1 km×1 km 的 16 天合成的 MOD13A2/NDVI 数据。2000 年和 2020 年的土地利用数据来源于中国科学院资源与环境科学数据中心（http://www.resdc.cn）的土地利用数据，是以 Landsat TM/ETM 遥感影像为主要数据源，通过人工目视解译生成。"三区四带"地理分布图数据来自《生态保护和修复支撑体系重大工程建设规划（2021—2035 年）》和精确到县的相关规划文件，以及民政部发布的 2019 年版的县级行政区图、制作形成的矢量图。2000~2022 年气象数据主要包括年均气温、年降水量、日照时数等，来源于中国气象局业务内网（http://idata.cma/）的全国 2400 多个气象站点的实测数据。

摘　要

生态质量是生态文明建设的重要组成部分，关系人民福祉和民族未来。植被是地球上一切生命存在的基础，植被生态质量是植被净初级生产力、植被覆盖度和植被地理分布共同决定的结果。本报告基于2000~2022年的气象和卫星遥感监测数据，系统评估了全国植被生态质量的时空演变，分析了气候变化和人为活动对植被生态质量变化的影响，以为我国生态保护与恢复、科学规划与建设提供决策依据。主要结论如下。

中国区域2000~2022年植被生态质量平均值为467 g C m^{-2}yr^{-1}，增加速率为4.7 g C m^{-2}yr^{-1}，呈东南向西北逐渐减少趋势。植被生产力（NPP）平均值为662.5g C m^{-2}yr^{-1}，增加速率为2.7g C m^{-2}yr^{-1}；覆盖度为0.475，增加速率为0.0035yr^{-1}。植被水土保持量为108 t ha^{-1}yr^{-1}，增加速率为0.2 t ha^{-1}yr^{-1}；水源涵养量为47 mm yr^{-1}，增加速率为0.12 mm yr^{-1}。中国区域气候呈暖湿化加速趋势，年降水量和日照时数是制约植被生态质量的主要因子。植被生态质量变化的气象贡献率约为42%。

三北防护林区2000~2022年植被生态质量平均值为63.6 g C m^{-2}yr^{-1}，增加速率为1.13 g C m^{-2}yr^{-1}，均低于全国平均水平，呈东南向西北逐渐减少趋势。植被NPP为357.8g C m^{-2}yr^{-1}，低于全国平均值，增加速率为5.2 gC m^{-2}yr^{-1}，超过全国平均值；覆盖度为0.151，增加速率为0.0019yr^{-1}，均低于全国平均值。植被水土保持量为45.1 t ha^{-1}yr^{-1}，低于全国平均值，增加速率为0.33 t ha^{-1}yr^{-1}，高于全国平均值；水源涵养量为25.2 mm yr^{-1}，增加速率为0.07 mm yr^{-1}，均低于全国平均值。三北防护林区气候暖湿化明显，年降水量、日照时数和太阳辐射是影响植被生态质量的主要因子。植被生态质量变化的气象贡献率为17.6%。

青藏高原生态屏障区 2000~2022 年植被生态质量平均值为 73.7 g C m^{-2} yr^{-1}，增加速率为 3.7 g C m^{-2} yr^{-1}，呈东南向西北减少趋势。植被 NPP 为 256.4 g C m^{-2}yr^{-1}，增加速率为 1.43 g C m^{-2} yr^{-1}，约72%区域的植被 NPP 呈增加趋势；植被覆盖度为 0.153，增加速率为 0.0008 yr^{-1}，均低于全国水平。植被水土保持量为 101.4 t ha^{-1}yr^{-1}，稍低于全国平均值，约59%区域的植被水土保持量呈减小趋势，减小速率为 0.36 t ha^{-1}yr^{-1}；水源涵养量为 21.10 mm yr^{-1}，约50%区域的植被水源涵养量呈减小趋势，减小速率为 0.02 mm yr^{-1}。青藏高原生态屏障区气候暖湿化趋势明显，植被生态质量与年均温、年降水量呈显著正相关关系，与日照时数、太阳辐射、风速呈显著负相关关系，植被生态质量变化的气象贡献率为8%。

黄河重点生态区 2000~2022 年植被生态质量平均值为 278 g C m^{-2}yr^{-1}，增加速率为 6.1 g C m^{-2}yr^{-1}。植被 NPP 为 768.6 gC m^{-2}yr^{-1}，增加速率为 11.66 g C m^{-2}yr^{-1}，均高于全国平均值；覆盖度为 0.363，低于全国平均值，增加速率为 0.0054yr^{-1}，高于全国平均值。植被水土保持量为 111 t ha^{-1}yr^{-1}，接近全国平均值，增加速率为 1.175 t ha^{-1}yr^{-1}，高于全国平均值；水源涵养量为 36.01mm yr^{-1}，低于全国平均值，增加速率为 0.179 mm yr^{-1}，高于全国平均值。黄河重点生态区气候暖湿化趋势较为明显，植被生态质量与年均温、年降水量呈显著正相关关系。植被生态质量变化的气象贡献率约为 36.7%。

长江重点生态区 2000~2022 年植被生态质量平均值为 514.88 g C m^{-2}yr^{-1}，呈由东部和南部向北部和西部逐渐减少趋势，增加速率为 5.71 g C m^{-2} yr^{-1}，均高于全国平均值。植被 NPP 为 1062.72 g C m^{-2} yr^{-1}，增加速率为 8.04 g C m^{-2} yr^{-1}，均高于全国平均值；覆盖度为 0.59，高于全国平均值，增加速率为 0.0035 yr^{-1}，与全国平均值持平。植被水土保持量为 245.07 t ha^{-1}yr^{-1}，显著高于全国平均值，增加速率为 0.207 t ha^{-1}yr^{-1}，与全国平均值持平；水源涵养量为 66.82 mm yr^{-1}，增加速率为 0.204 mm yr^{-1}，均高于全国平均值。长江重点生态区气候暖湿化明显，植被生态质量与年均温、年降水量呈显著正相关关系。植被生态质量变化的气象贡献率为 45.88%。

东北森林带 2000~2022 年植被生态质量平均值为 278.1 g C m⁻²yr⁻¹，增加速率为 3.67 g C m⁻²yr⁻¹，呈南部向北部减少趋势，松嫩平原和长白山主脉森林植被生态质量最好。植被 NPP 为 817 g C m⁻²yr⁻¹，增加速率为 7.3 g C m⁻²yr⁻¹，均超过全国平均值；覆盖度为 0.460，增加速率为 0.0031yr⁻¹，均低于全国平均值。植被水土保持量为 67.6 t ha⁻¹yr⁻¹，低于全国平均值，增加速率为 0.99 t ha⁻¹yr⁻¹，高于全国平均值；水源涵养量为 29.6 mm yr⁻¹，低于全国平均值，增加速率为 0.20 mm yr⁻¹，高于全国平均值。东北森林带气候暖湿化趋势明显，植被生态质量与年降水量、相对湿度呈显著正相关关系。植被生态质量变化的气象贡献率为 41.39%。

北方防沙带是我国生态脆弱区，植被生态质量相对较差，2000~2022 年平均值为 67.6 g C m⁻²yr⁻¹，增加速率为 0.9 g C m⁻²yr⁻¹，呈东高西低变化趋势。植被 NPP 为 335.3 g C m⁻²yr⁻¹，低于全国平均值，增加速率为 4.4 g C m⁻²yr⁻¹，超过全国平均值；覆盖度为 0.152，增加速率为 0.0019yr⁻¹，均低于全国平均值。植被水土保持量为 35.4 t ha⁻¹yr⁻¹，低于全国平均值，增加速率为 0.21 t ha⁻¹yr⁻¹，与全国平均的植被水土保持量增加速率持平；水源涵养量为 21.0 mm yr⁻¹，增加速率为 0.05 mm yr⁻¹，均低于全国平均值。北方防沙带气候呈暖湿化趋势，植被生态质量与年降水量、相对湿度关系最密切。植被生态质量变化的气象贡献率为 22%。

南方丘陵山地带 2000~2022 年植被生态质量平均值为 653.44g C m⁻²yr⁻¹，增加速率为 7.36g C m⁻²yr⁻¹。植被 NPP 为 1120.81 g C m⁻²yr⁻¹，增加速率为 9.07 g C m⁻²yr⁻¹，均高于全国平均值；覆盖度为 0.68，高于全国平均值，增加速率为 0.0043yr⁻¹，均高于全国平均值。植被水土保持量为 279.71 t ha⁻¹yr⁻¹，增加速率为 0.43 t ha⁻¹yr⁻¹，均明显高于全国平均值；水源涵养量为 112.86mm yr⁻¹，增加速率为 0.58mm yr⁻¹，均明显高于全国平均值。南方丘陵山地带气候总体呈暖湿化趋势，植被生态质量与年均温、年降水量均呈显著正相关关系。植被生态质量变化的气象贡献率约为 80.77%。

海岸带生态工程区植被生态质量相对较高，2000~2022 年植被生态质量平均值为 633 g C m^{-2} yr^{-1}，增加速率为 9.20 g C m^{-2} yr^{-1}，约为全国同期平均植被生态质量增加速率的 2 倍，呈南高北低分布格局。植被 NPP 为 1118 gC m^{-2}yr^{-1}，远高于全国平均值，增加速率为 5.25 g C m^{-2} yr^{-1}，也超过全国平均增加速率；覆盖度为 0.54，总体高于全国平均值，增加速率为 0.0032 yr^{-1}，与全国平均值基本持平。植被水土保持量为 86 t ha^{-1}yr^{-1}，低于全国平均值，年际间无明显变化趋势；水源涵养量为 110 mm yr^{-1}，超过全国平均值，年际间无明显变化趋势。海岸带生态工程区气候暖湿化明显，年降水量和年均温是制约我国海岸带生态工程区植被生态质量最主要的因子。植被生态质量变化的气象贡献率达 85%。

土地利用与生态工程对全国植被生态质量提升有重要作用，其中森林和湿地面积增加是全国植被生态质量改善的重要驱动力，城镇建设用地增加是局部地区植被生态质量下降的主要驱动因素。

为确保生态文明建设成就和生态系统高质量发展，建议未来充分利用气候暖湿化有利条件，尽快建立数字生态文明建设绩效管理系统，开展适应气候变化的生态系统保护和资源利用行动，建立适应气候变化的生态气象监测评估预警体系，加快推进适应气候变化的退化生态恢复。

关键词：植被生态质量　气候变化　三北防护林区　青藏高原生态屏障区黄河重点生态区　长江重点生态区　东北森林带　北方防沙带　南方丘陵山地带　海岸带生态工程区

Abstract

Ecological quality is an important part of the construction of ecological civilization, which is related to people's well-being and the future of the nation. Vegetation is the basis of all life on Earth, and the ecological quality of vegetation depends on the interactions among net primary productivity, vegetation coverage and geographical distribution of vegetation. Based on meteorological and satellite remote sensing monitoring data for the period 2000-2022, the report provides a systematic assessment of the spatio-temporal evolution of vegetation ecological quality across the country and an analysis of the impact of climate change and human activities on changes in vegetation ecological quality. The results could provide decision-making basis for scientific planning and construction of ecological protection and restoration in our country. The main conclusions are as follows:

From 2000 to 2022, the average value of vegetation ecological quality in China was 467 g C $m^{-2}yr^{-1}$, and the increasing rate was 4.7 g C $m^{-2}yr^{-1}$, showing a decreasing trend from southeast to northwest. The average value of vegetation NPP was 662.5 g C $m^{-2}yr^{-1}$, and the increasing rate was 2.7 g C $m^{-2}yr^{-1}$. The coverage was 0.475, and the increasing rate was 0.0035 yr^{-1}. The soil and water conservation capacity of vegetation was 108 t $ha^{-1}yr^{-1}$ with an increase rate of 0.2 t $ha^{-1}yr^{-1}$, and the water conservation capacity of vegetation was 47 mm yr^{-1} with an increase rate of 0.12 mm yr^{-1}. The regional climate in China shows an accelerating trend of warm and wet climate, and the annual precipitation and sunshine hours are the main factors restricting the ecological quality of vegetation. The meteorological contribution to the change of vegetation

ecological quality is about 42%.

From 2000 to 2022, the average value of vegetation ecological quality in the Shelter-Forests in Northern China was 63.6 g C m^{-2}yr^{-1}, and the increasing rate was 1.13 g C m^{-2}yr^{-1}, which was lower than the national average. The vegetation NPP was 357.8 g C m^{-2}yr^{-1}, which was lower than the national average, and its increasing rate was 5.2 g C m^{-2}yr^{-1}, which was higher than the national average. Its coverage was 0.151, and its increasing rate was 0.0019 yr^{-1}, which was lower than the national average. The soil and water conservation amount of vegetation was 45.1 t ha^{-1}yr^{-1}, which was lower than the national average, and its increasing rate was 0.33 t ha^{-1}yr^{-1}, which was higher than the national average. The water conservation capacity of vegetation was 25.2 mm yr^{-1} with an increase rate of 0.07 mm yr^{-1}, which was below the national average. The climate in the Shelter-Forests in Northern China is obviously warm and humid, and annual precipitation, sunshine duration and solar radiation are the main factors affecting the ecological quality of vegetation. The meteorological contribution to the change of vegetation ecological quality was 17.6 %.

From 2000 to 2022, the average value of vegetation ecological quality in the Ecological Barrier Area of Qinghai-Xizang Plateau was 73.7 g C m^{-2} yr^{-1}, and the increasing rate was 3.7 g C m^{-2} yr^{-1}, showing a decreasing trend from southeast to northwest. The vegetation NPP was 256.4 g C m^{-2}yr^{-1} with an increasing rate of 1.43 g C m^{-2}yr^{-1}. The vegetation in about 72% areas showed an increasing trend. The vegetation coverage was 0.153 with an increasing rate of 0.0008 yr^{-1}, which was lower than the national level. The soil and water conservation amount of vegetation was 101.4 t ha^{-1}yr^{-1}, slightly lower than the national average, and the soil and water conservation amount of vegetation in about 59% of the regions showed a decreasing trend with a decreasing rate of 0.36 t ha^{-1}yr^{-1}. The water conservation amount of vegetation was 21.10 mm yr^{-1}, the water conservation amount of vegetation in about 50% areas showed a decreasing trend with a decreasing rate of 0.02 mm yr^{-1}. The climate in the Ecological Barrier Area of Qinghai-Xizang Plateau is obviously warm and humid. The ecological quality of vegetation has a significant positive correlation with annual mean temperature and annual precipitation, and a significant negative correlation with sunshine hours, solar radiation and wind speed. The meteorological contribution to the change of vegetation ecological quality was 8%.

The average value of vegetation ecological quality was 278 g C m^{-2}yr^{-1}, and the increasing rate was 6.1 g C m^{-2}yr^{-1} in the Key Ecological Regions of the Yellow River from 2000 to 2022. The vegetation NPP was 768.6 g C m^{-2}yr^{-1}, and the increasing rate was 11.66 g C m^{-2}yr^{-1}, which was higher than the national average. The coverage was 0.363, which was lower than the national average, and the increasing rate was 0.0054 yr^{-1}, which was higher than the national average. The soil and water conservation amount of vegetation was 111 t ha^{-1}yr^{-1}, which was close to the national average, and the increasing rate was 1.175 t ha^{-1}yr^{-1}, which was higher than the national average. The water conservation amount was 36.01 mm yr^{-1}, which was lower than the national average, the increasing rate was 0.179 mm yr^{-1}, higher than the national average. The climate in the Key Ecological Regions of the Yellow River is obviously warm and humid. The ecological quality of vegetation has a significant positive correlation with annual mean temperature and annual precipitation. The meteorological contribution to the change of vegetation ecological quality is about 36.7%.

From 2000 to 2022, the average value of vegetation ecological quality in the Key Ecological Regions of the Yangtze River was 514.88 g C m^{-2}yr^{-1}, showing a decreasing trend from the east and south to the north and west, and an increasing rate of 5.71 g C m^{-2}yr^{-1}, are higher than the national average. The vegetation NPP is 1062.72 g C m^{-2}yr^{-1}, and the increasing rate is 8.04 g C m^{-2}yr^{-1}, which is higher than the national average. The coverage is 0.59, which is higher than the national average, and the increasing rate is 0.0035 yr^{-1}, it was in line with the national average. The vegetation water and soil conservation amount was 245.07 t ha^{-1}yr^{-1}, significantly higher than the national average, and the increasing rate was 0.207 t ha^{-1}yr^{-1}, which was in line with the national average. The water conservation amount was 66.82 mm yr^{-1}, and the increasing rate was

0.204 mm yr^{-1}, are higher than the national average. The climate in the Key Ecological Regions of the Yangtze River is warm and humid, and the vegetation ecological quality is positively correlated with the annual mean temperature and annual precipitation. The meteorological contribution to the change of vegetation ecological quality was 45.88%.

From 2000 to 2022, the average value of vegetation ecological quality in the Northeast Forest was 278.1 g C m^{-2}yr^{-1} and an increasing rate of 3.67 g C m^{-2}yr^{-1}, showing a decreasing trend from south to north. The forests of Songnen Plain and Changbaisan Mountains have the best ecological quality. The vegetation NPP was 817 g C m^{-2}yr^{-1} and its increasing rate was 7.3 g C m^{-2}yr^{-1}, which were all higher than the national average. The vegetation coverage was 0.460 and the increasing rate was 0.0031 yr^{-1}, which were all lower than the national average. The vegetation water and soil conservation amount was 67.6 t ha^{-1}yr^{-1}, which was lower than the national average, and the increasing rate was 0.99 t ha^{-1}yr^{-1}, which was higher than the national average. The water conservation amount was 29.6 mm yr^{-1}, which was lower than the national average, the rate of increase was 0.20 mm yr^{-1}, higher than the national average. The climate in the Northeast Forest Belt is warm and humid, and the vegetation ecological quality is positively correlated with the annual precipitation and relative humidity. The meteorological contribution to the change of vegetation ecological quality was 41.39%.

The North Sand Control Belt is an ecologically fragile area in China, and the vegetation ecological quality is relatively poor. From 2000 to 2022, the average value is 67.6 g C m^{-2}yr^{-1}, and the increasing rate is 0.9 g C m^{-2}yr^{-1}, showing a trend of high east and low west. The vegetation NPP was 335.3 g C m^{-2}yr^{-1}, which was lower than the national average, and its increasing rate was 4.4 g C m^{-2}yr^{-1}, which was higher than the national average. The vegetation coverage was 0.152, and its increasing rate was 0.0019 yr^{-1}, which was lower than the national average. The soil and water conservation amount of vegetation was 35.4 t ha^{-1}yr^{-1}, which was lower than the national average, and the increasing rate was 0.21 t ha^{-1}yr^{-1}, which was in line with the national average. The water conservation amount was 21.0 mm yr^{-1}, and its increasing rate was 0.05 mm

yr^{-1}, which both were lower than the national average. The climate of the North Sand Control Belt is warm and humid, and the vegetation ecological quality is closely related to the annual precipitation and relative humidity. The meteorological contribution to the change of vegetation ecological quality was 22%.

From 2000 to 2022, the average value of vegetation ecological quality was 653.44 g C $m^{-2}yr^{-1}$, and the increasing rate was 7.36 g C $m^{-2}yr^{-1}$ in the Hilly and Mountainous Areas of Southern China. The vegetation NPP was 1120.81 g C $m^{-2}yr^{-1}$, and the increasing rate was 9.07 g C $m^{-2}yr^{-1}$, which were both higher than the national average. The vegetation coverage was 0.68, and its increasing rate was 0.0043 yr^{-1}, which were both higher than the national average. The vegetation water and soil conservation amount was 279.71 t ha^{-1} yr^{-1}, its increasing rate was 0.43 t $ha^{-1}yr^{-1}$, which were both obviously higher than the national average. The water conservation amount was 112.86 mm yr^{-1}, the rate of increase was 0.58 mm yr^{-1}, which were both obviously higher than the national average. The climate in the Hilly and Mountainous Areas of South China is warm and humid, and the vegetation ecological quality has a significant positive correlation with the annual mean temperature and annual precipitation. The meteorological contribution to the change of vegetation ecological quality is about 80.77%.

The vegetation ecological quality in the Coastal Ecological Engineering Area is relatively high. From 2000 to 2022, the average value of vegetation ecological quality was 633 g C m^{-2} yr^{-1}, and the increasing rate was 9.20 g C m^{-2} yr^{-1}, the increase rate of vegetation ecological quality was about 2 times of the national average during the same period, and the distribution pattern was high in the south and low in the north. The vegetation NPP was 1118 g C m^{-2} yr^{-1}, which was much higher than the national average, and its increasing rate was 5.25 g C m^{-2} yr^{-1}, which was also higher than the national average. The vegetation coverage was 0.54, which was higher than the national average, the rate of increase was 0.0032 yr^{-1}, basically in line with the national average. The soil and water conservation amount of vegetation was 86 t $ha^{-1}yr^{-1}$, which was lower than the national average, and there was no obvious change trend between years.

The water conservation amount of vegetation was 110 mm yr^{-1}, which was higher than the national average, and there was no obvious change trend between years. The climate in the Coastal Ecological Engineering Area is warm and humid, and the annual precipitation and average temperature were the most important factors that restricted the ecological quality of vegetation in the Coastal Ecological Engineering Area. The meteorological contribution to the change of vegetation ecological quality was 85%.

The land use and ecological engineering have played an important role in the improvement of ecological quality of vegetation in China. The increase of forest and wetland areas is an important driving force for the improvement of the ecological quality of vegetation in China, the increase of urban construction land is the main driving factor for the decline of vegetation ecological quality in local areas.

In order to ensure the achievements of ecological civilization construction and the high-quality development of ecosystem, it is suggested that the favorable conditions of climate warming and wetness should be fully utilized in the future. Thus, the following tasks should be emphasized in the future: (1) establishing the performance management system of digital ecological civilization construction as soon as possible, (2) protecting ecosystems and making full use of resources to adapt to climate change, (3) establishing an ecological and meteorological monitoring, assessment and early warning system for adapting to climate change, and (4) accelerating the restoration of degraded ecosystems to adapt to climate change.

Keywords: Vegetation Ecological Quality; Climate Change; Shelter-Forests in Northern China; Ecological Barrier Area of Qinghai-Xizang Plateau; Key Ecological Regions of the Yellow River; Key Ecological Regions of the Yangtze River; Northeastern Forest Belt; North Sand Control Belt; Hilly and Mountainous Areas of Southern China; Coastal Ecological Engineering Area

目 录 ⟪

I 总报告

II 专题报告

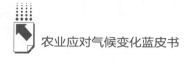
附　录

皮书数据库阅读**使用指南**

CONTENTS ⟡

I General Report

II Special Topic Reports

总报告

B.1
气候变化对中国植被生态质量的
影响与对策

摘　要： 2000~2022年全国植被生态质量总体呈持续向好态势发展，得益于气候暖湿化背景下我国生态保护和生态工程建设的实施，对植被生态质量变化的贡献率达58%。但是，不同区域的植被生态质量改善程度不同，气象贡献率也不相同。特别是，2000~2020年全国约32.5%的土地利用类型发生了改变，影响了植被生态质量改善，其中森林和湿地面积增加促进了植被生态质量改善，而城镇建设用地增加则导致局部地区植被生态质量下降。为确保生态文明建设成就和生态系统高质量发展，建议未来充分利用气候暖湿化有利条件，从生态文明建设绩效管理、生态系统保护和资源利用、生态气象监测评估预警和退化生态恢复等方面，因地制宜地加快推进生态保护与恢复工程建设。

关键词： 植被生态质量　气候变化　气象贡献率　生态工程　中国

一 全国重要生态系统保护和修复重大工程布局

生态文明建设是中国特色社会主义事业的重要组成部分，关系人民福祉和民族未来，是中华民族实现永续发展的长远大计。"坚持人与自然和谐共生"是新时代坚持和发展中国特色社会主义的基本方略之一。我国地域辽阔、气候多样、生态类型丰富，拥有森林、草原、湿地、荒漠、农田、城市、湖泊等多种类型生态系统。植被是陆地生态系统和自然环境的重要组成部分，植物通过光合作用固定太阳能形成的有机质是地球一切生命存在的基础。因此，植被及其生态质量的变化受到特别关注。植被生态质量是植被净初级生产力、植被覆盖度和植被地理分布共同决定的结果。

为提升我国生态环境质量，2021年6月，国家发展改革委、自然资源部联合印发了《全国重要生态系统保护和修复重大工程总体规划（2021—2035年）》（以下简称规划）。该规划以国家生态安全战略格局为基础，统筹考虑生态系统的完整性、地理单元的连续性和经济社会发展的可持续性，提出了以"三区四带"为核心的全国重要生态系统保护和修复重大工程总体布局，并指出未来15年全国重要生态系统保护和修复重大工程规划将重点布局在"三区四带"。"三区四带"的生态系统相对完整，总面积640.53万平方公里，约占国土陆域面积的三分之二，包括青藏高原生态屏障区、黄河重点生态区（含黄土高原生态屏障）、长江重点生态区（含川滇生态屏障）、东北森林带、北方防沙带、南方丘陵山地带和海岸带（见图1）。

二 气候变化对全国重要生态系统保护和修复重大工程区植被生态质量的影响

中国植被生态质量空间分异显著，呈自东南向西北逐渐降低趋势，与年降水量的空间分布格局基本一致。2000~2022年，中国植被生态质量平均值为467 g C m^{-2}yr^{-1}，植被生态质量持续改善，各省（区、市）植被生态质量稳中向

区带名

- 东北森林带
- 北方防沙带
- 南方丘陵山地带
- 海岸带
- 长江重点生态区
- 青藏高原生态屏障区
- 黄河重点生态区

工程名

I-1，藏西北羌塘高原—阿尔金草原荒漠生态保护和修复

I-2，祁连山生态保护和修复

I-3，三江源生态保护和修复

I-4，若尔盖—甘南草原湿地生态保护和修复

I-5，藏东南高原生态保护和修复

I-6，西藏两江四河造林绿化与综合整治

II-1，贺兰山生态保护和修复

II-2，黄土高原水土流失综合治理

II-3，秦岭生态保护和修复

II-4，黄河下游生态保护和修复

III-1，横断山区水源涵养与生物多样性保护

III-2，大巴山区生物多样性保护与生态修复

III-3，三峡库区生态综合治理

III-4，武陵山区生物多样性保护

III-5，长江上中游岩溶地区石漠化综合治理

III-6，鄱阳湖、洞庭湖等河湖湿地保护和修复

III-7，大别山—黄山水土保存与生态修复

IV-1，大小兴安岭森林生态保育

IV-2，三江平原、松嫩平原重要湿地保护恢复

IV-3，长白山森林生态保育

v-1，天山和阿尔泰山森林草原保护

V-2，塔里木河流域生态修复

V-3，河西走廊生态保护和修复

V-4，内蒙古高原生态保护和修复

V-5，京津冀协同发展生态保护和修复

VI-1，黄渤海生态综合整治与修复重点工程

VI-2，长江三角洲重要河口区生态保护和修复重点工程

VI-3，海峡西岸重点海湾和河口生态保护和修复重点工程

VI-4，粤港澳大湾区生物多样性保护重点工程区

VI-5，北部湾典型滨海湿地生态系统保护和修复重点工程

VI-6，海南岛热带生态系统保护和修复重点工程

VII-1，湘桂岩溶地区石漠化综合治理

VII-2，南岭山地森林及生物多样性保护

VII-3，武夷山森林和生物多样性保护

图1 "三区四带"及其生态工程分布

好，约70%区域的植被生态质量呈显著增加趋势。2000~2022年，全国平均植被生态质量的增加速率为4.7 g C m^{-2} yr^{-1}。年降水量和日照时数是制约我国植被生态质量的最关键气候因子。2000~2022年中国气候呈暖湿化加速趋势，全国平均年气温增加速率为0.041℃ yr^{-1}，全国平均年降水增加速率为5.4 mm yr^{-1}。气候暖湿化有利于我国植被生态质量改善，植被生态质量改善的气象贡献率约为42%。

三北防护林区植被生态质量平均值为63.6 g C m^{-2} yr^{-1}，远远低于全国平均水平。三北防护林区植被生态质量呈自东南向西北逐渐降低趋势。东部和东南部（即内蒙古高原东部和黄土高原东部）植被生态质量相对较高，大于300 g C m^{-2} yr^{-1}；西部和西北部除天山、阿尔泰山外，植被生态质量相对较低，小于30 g C m^{-2} yr^{-1}。2000~2022年，三北防护林区植被生态质量持续改善，约85%区域的植被生态质量呈显著上升趋势，仅有天山山脉、准噶尔盆地、内蒙古高原西北部等少数区域，植被生态质量呈下降趋势。但是，三北防护林区的平均植被生态质量增加速率仅为1.13 g C m^{-2} yr^{-1}，低于全国平均增加速率。2000~2022年三北防护林区气候暖湿化明显，平均气温增加速率为0.03 ℃ yr^{-1}，平均年降水量增加速率约为4.8 mm yr^{-1}。年降水量*、日照时数和太阳辐射是影响三北防护林区植被生态质量的主要因子。2000~2022年，三北防护林区气候变化整体上有利于植被生态质量改善，植被生态质量改善的气象贡献率为17.6%。

青藏高原生态屏障区植被生态质量在"三区四带"中相对较差，2000~2022年植被生态质量平均值为73.7 g C m^{-2} yr^{-1}。青藏高原生态屏障区植被生态质量空间分异十分显著，东南部区域的植被生态质量相对较高，为300~1005 g C m^{-2} yr^{-1}；西部和西北部区域的植被生态质量相对较低，小于30 g C m^{-2} yr^{-1}。2000~2022年青藏高原生态屏障区约78%区域的植被生态质量呈显著增加趋势，平均植被生态质量增加速率为3.7 g C m^{-2} yr^{-1}。2000~2022年，青藏高原生态屏障区气候暖湿化趋势明显，平均气温增加速率为0.04 ℃ yr^{-1}，平

---

*　均指该区域研究的平均值，文内讲变量和因子时一般省去"平均"字样。——编者注

均年降水增加速率为 5.8 mm yr⁻¹，平均风速增加速率 0.09 m s⁻¹ 10yr⁻¹，日照时数和太阳辐射呈波动变化。青藏高原生态屏障区植被生态质量与年均温、年降水量呈显著正相关关系，与日照时数、太阳辐射、风速呈显著负相关关系，其中与年降水关系最密切。2000~2022 年青藏高原生态屏障区的气候暖湿化促进了植被生态质量改善，植被生态质量变化的气象贡献率为 8%（微贡献）。

黄河重点生态区植被生态质量平均值为 278g C m⁻²yr⁻¹。植被生态质量较好的区域主要分布在东部和南部，一般为 300~1000 g C m⁻²yr⁻¹；南部秦岭山地，东部的吕梁山、太行山等植被生态质量比较高；西北部气候干旱，生态本底差，植被生态质量相对较低。2000~2022 年黄河重点生态区植被生态质量总体呈稳中向好趋势，约 95% 区域的植被生态质量呈显著增加趋势。2000~2022 年，黄河重点生态区植被生态质量增加速率为 6.1 g C m⁻²yr⁻¹，高于全国平均值。2000~2022 年，黄河重点生态区气候暖湿化趋势较为明显，平均气温升高速率为 0.04℃ yr⁻¹，年降水量增加速率为 6.2 mm yr⁻¹。植被生态质量与年均温、年降水量呈显著正相关关系，表明气候暖湿化有利于植被生长和植被生态质量改善。2000~2022 年黄河重点生态区植被生态质量变化的气象贡献率约为 36.7%。

长江重点生态区生态质量相对较好，植被生态质量在 259 ~ 557 g C m⁻²yr⁻¹。长江重点生态区的东部和南部植被生态质量整体优于北部和西部地区。2000~2022 年，长江重点生态区植被生态质量显著提升，呈增加趋势的面积占比为 81%，平均增长速率为 5.71 g C m⁻² yr⁻¹。2000~2022 年，长江重点生态区气候暖湿化明显，年降水量增加速率为 5.99 mm yr⁻¹，年气温增速达 0.04 ℃ yr⁻¹。植被生态质量与年均温、年降水量呈显著正相关关系，气候暖湿化有效改善了植被生态质量。长江重点生态区生态质量变化的气象贡献率为 45.88%。

东北森林带是我国重要林区和湿地分布区，植被生态质量相对较高，绝大部分区域植被生态质量大于 200 g C m⁻²yr⁻¹。其中，松嫩平原和长白山主脉森林植被生态质量最好，多数区域的植被生态质量为 400~600 g C m⁻²yr⁻¹。2000~2022 年，东北森林带植被生态质量总体持续改善，约 90% 区域的植被生态质量呈显著增加趋势，增加速率为 3.67 g C m⁻²yr⁻¹。2000~2022 年，东北森林带气候暖湿化趋势明显，年均气温增加速率为 0.034 ℃ yr^{-1}，年降水增加速率为 10.88 mm yr^{-1}。东北森林带植被生态质量与年降水量、相对湿度呈显著正相关关系，气候暖湿化有利于植被生态质量改善。植被生态质量变化的气象贡献率为 41.39%。

北方防沙带是我国生态脆弱区，植被生态质量相对较差，为 51~82 g C $m^{-2}yr^{-1}$。植被生态质量存在显著的空间分异，东部区域植被生态质量较高。2000~2022 年，北方防沙带 87% 以上区域的植被生态质量呈增加趋势，平均增加速率为 0.9 g C $m^{-2}yr^{-1}$，增加速率相对较小。2000~2022 年，北方防沙带气候呈暖湿化趋势，年降水量增加速率为 3.7 $mmyr^{-1}$，年均气温增加速率为 0.03℃ yr^{-1}。气候暖湿化有利于植被生态质量的提升。水分是限制北方防沙带植被生态质量的关键要素。植被生态质量与年降水量、相对湿度关系最密切，均达到显著相关水平。2000~2022 年北方防沙带植被生态质量变化的气象贡献率为 22%，大部分区域植被生态质量变化的气象贡献率以正贡献为主。

南方丘陵山地带植被生态质量相对较好，2000~2022 年平均植被生态质量为 653.44 g C $m^{-2}yr^{-1}$，以武夷山区和南岭地区的植被生态质量最好，超过 900 g C $m^{-2}yr^{-1}$。2000~2022 年，南方丘陵山地带植被生态质量整体呈增加趋势，增加速率为 7.36 g C $m^{-2}yr^{-1}$，高于全国平均增加速率，增速最大地区主要位于山地带的东北部和广东北部地区。2000~2022 年，南方丘陵山地带气候暖湿化显著，平均增温速率为 0.03℃ r^{-1}，并以 25°N 以北地区增温速率最大；平均降水增加速率为 8.6 $mmyr^{-1}$，降水增加速率最大地方主要分布在浙江南部和福建北部部分地区。制约南方丘陵山地带植被生态质量的主要气候要素是温度和降水，相对于温度，植被生态质量对降水变化的响应更为敏感。南方丘陵山地带植被生态变化的气象贡献率约为 80.77%。

海岸带植被生态质量相对较高，为 493~798 g C $m^{-2} yr^{-1}$，整体格局表现为南高北低。2000~2022 年，海岸带超过 96% 区域的植被生态质量呈增加趋势，增加速率为 9.20 g C $m^{-2} yr^{-1}$，约为全国同期平均植被生态质量变化速率（4.7 g C $m^{-2} yr^{-1}$）的 2 倍。2000~2022 年，海岸带生态工程区的气候暖湿化趋势特别明显。约 98% 区域的年均气温呈增加趋势，平均气温增加速率为 0.112 ℃

yr⁻¹，约为全国平均增温速率的 2~3 倍。约 83% 区域的年降水量呈增加趋势，平均增加速率为 9.8 mm yr⁻¹，为同期全国平均年降水增加速率（5.4 mm yr⁻¹）的 1.8 倍。海岸带制约植被生态质量主要的气候因子是年降水量和年均温，其中年降水量是最关键因子。2000~2022 年，海岸带生态工程区植被生态质量变化的气象贡献率为 85%，绝大部分区域的气象贡献率为正贡献。

三　土地利用变化与生态工程对中国植被生态质量的影响

随着我国经济社会的快速发展，土地利用类型和利用方式改变比较频繁，对植被生态质量产生了重要影响。尤其是，城乡建设和其他工程建设用地规模扩大，对植被生态质量产生了十分不利的影响（汲玉河等，2021）。为改善生态环境，我国自 1978 年开始开展了一系列卓有成效的生态工程建设，先后实施了天然林保护工程、防护林工程、退耕还林（草）工程等，有效提升了植被生态质量，植被生态质量改善的人为贡献率达 58%。2000~2020 年全国约 32.5% 的土地利用类型发生了改变，其中森林和湿地面积增加是植被生态质量改善的重要驱动力；城镇建设用地面积增加是局部地区植被生态质量下降的主要驱动因素。

2000~2020 年，三北防护林区约 24.6% 的土地利用类型发生了改变。草地和农田增加是提升植被生态质量的重要因素；城乡建设用地大面积扩张和湿地面积减少则是植被生态质量下降的重要因素。

2000~2020 年，青藏高原生态屏障区约 37.2% 的土地利用类型发生了改变，草地面积减少和荒漠面积增大是造成植被生态质量下降的主要原因；森林和湿地面积增加是植被生态质量上升的重要原因。青藏高原生态屏障区限牧禁牧、退牧还草工程等生态工程对促进植被生态质量改善起了积极作用。

2000~2020 年，黄河重点生态区土地利用呈草地和耕地面积减少、林地和建设用地面积增加趋势，尤其是林地面积增加有效提升了植被生态质量。黄河重点生态区的东部和南部（山西省和陕西省）是重大生态工程核心区，也是植被生态质量增加速率较大的区域，生态工程显著促进了该地区植被生态质量的改善。

2000~2020 年，长江重点生态区森林面积增加和荒漠面积减少是导致长江重点生态区植被生态质量呈增加趋势的主要原因。长江流域防护林体系建设等一系列生态保护和修复工程有效提升了植被生态质量。2000~2022 年，长江重点生态区植被生态质量明显改善，大部分地区的年均增加速率为 5~70 g C m^{-2} yr^{-1}，反映出生态工程实施对植被恢复的促进作用。

2000~2020 年，东北森林带约 26.5% 的土地利用类型发生了改变，其中森林、湿地、农田和草地变化较大。尽管森林面积有所减少，但受益于天然林保护工程的影响，森林质量显著增加。同时，湿地和农田面积增加也是促进植被生态质量改善的重要原因。

2000~2020 年，北方防沙带的草地面积增加和荒漠面积减少是北方防沙带地区植被生态质量改善的主要原因。三北防护林工程、退耕还林还草工程等显著推动了北方防沙带植被生态质量改善。2000~2022 年，北方防沙带 87% 以上区域的植被生态质量呈增加趋势，2022 年有 56% 区域的植被生态质量高于多年平均值。

2000~2020 年，南方丘陵山地带森林转化为其他用地类型的面积为 5.10 万平方公里，其他向森林转变的土地利用类型为 1.72 万平方公里，森林面积整体呈减少趋势，减少面积为 3.38 万平方公里，在一定程度上限制了植被生态质量的提升。受益于气候变化对植被生长的促进作用，特别是受益于植树造林、退耕还林和封山育林等生态工程，南方丘陵山地带石漠化面积持续减少、程度逐渐减轻，整体生态系统质量稳步提升。

2000~2020 年，海岸带的农田、森林、草地、荒漠和湿地面积呈减少趋势，水体和城镇用地面积呈增加趋势，直接导致植被净初级生产力和植被覆盖度显著下降。同时，海岸带生态保护和修复工程实施，有效促进了植被生态质量提升。2000~2022 年，海岸带生态工程区植被生态质量变化的人为活动贡献率总体约为 15%，呈逐年上升趋势，尤其 2017~2020 年人为活动贡献率上升显著。

四 中国植被生态质量应对气候变化的对策建议

2000~2022年全国植被生态质量总体呈持续向好态势发展，气候暖湿化背景下我国生态保护和生态工程建设对植被生态质量起到了积极的推动作用。为确保生态文明建设成就和生态系统高质量发展，建议未来充分利用气候暖湿化有利条件，从生态文明建设绩效管理、生态系统保护和资源利用、生态气象监测评估预警和退化生态恢复等方面，因地制宜地加快推进生态保护与恢复工程建设。

（一）尽快建立数字生态文明建设绩效管理系统

我国各地植被生态质量本底不同，制约植被生态质量的主要气候因子、土地利用变化与生态工程也不相同。生态保护与高质量可持续发展的核心在于全国生态的完整性、时空连通性与生态系统健康，关键科学问题在于解决气候变化背景下全国土地资源在工业、农业、生活与生态调控之间的科学分配。因此，摸清我国生态文明建设家底，建立数字生态文明建设绩效管理系统是整体认识、科学保护与发展的关键。

（二）开展适应气候变化的生态系统保护和资源利用行动

实施适应气候变化的森林可持续经营，全面开展森林抚育经营，提高森林生态系统在气候变化条件下的抗逆性和稳定性。继续加强天然林保护、生态保护红线等重点工程建设。开发基于区域水资源配置及气候波动的高效人工草地建植技术与草地灌溉技术、建立系统性的综合适应技术体系和适应措施。加强对重点生态功能区湿地、荒漠等生态系统的保护。

（三）建立适应气候变化的生态气象监测评估预警体系

天气、气候、气候变化和极端天气气候事件均与植被生态密切相关，会对生态环境破坏起到放大作用。特别是，极端天气气候事件会对森林草原的

有害生物及其天敌活动与发生规律产生重大影响，甚至引发森林草原火灾。因此，需要建立全国生态气象监测评估预警体系，开发生态气象风险管理技术，实现天气、气候、气候变化和极端天气气候事件对生态保护修复的动态评估，为政府实施有效的生态管理措施提供决策依据，更好地服务于国家生态文明建设。

（四）加快推进适应气候变化的退化生态恢复

建立生态环境监测系统，做好生态环境现状调查和生态功能区划工作，落实退耕还林、退牧还草战略，加大对草原生态建设的倾斜支持力度。加强生态环境综合治理和三北防护林建设，注重沙化治理、水土保持、土壤盐渍化治理等生态环境建设工程。充分利用人工影响天气等现代先进技术，人工促进退化生态系统的恢复重建。适时开展生态移民，减轻脆弱地区环境压力。

专题报告

B.2
中国植被生态质量及其归因分析

摘　要： 中国区域 2000~2022 年植被生态质量平均值为 467 g C m^{-2}yr^{-1}，增加速率为 4.7 g C m^{-2}yr^{-1}，呈东南向西北逐渐减少趋势。植被生产力（NPP）平均值为 662.5g C m^{-2}yr^{-1}，增加速率为 2.7g C m^{-2}yr^{-1}；覆盖度为 0.475，增加速率为 0.0035yr^{-1}。植被水土保持量为 108 t ha^{-1}yr^{-1}，增加速率为 0.2 t ha^{-1}yr^{-1}；水源涵养量为 47 mm yr^{-1}，增加速率 0.12 mm yr^{-1}。中国区域气候呈暖湿化加速趋势，年降水量和日照时数是制约植被生态质量的主要因子。植被生态质量变化的气象贡献率约为 42%。

关键词： 植被生态质量　气候暖湿化　气象贡献率　生态工程　中国

　　我国地处地球环境变化速率最大的季风气候区，幅员辽阔，地形结构特别复杂，具有从寒温带到热带、湿润到干旱的不同气候带区。天气、气候条件年际变化很大，气象灾害频发，自然与农业生态系统受气候变化与气象灾害影响剧烈。随着全球气候持续变暖及极端天气、气候事件的频繁发生，以气候变暖为突出标志的全球变化及由此引起的生态安全问题，如植被生态系统退化、植被带迁移、生物多样性丧失、土地退化与荒漠化、水土流失等，已经严重威胁到我国生存环境及社会经济的可持续发展，引起政府、科学界及公众的强烈关注。

为改善生态环境，我国自 1978 年开始实施了一系列生态保护和修复工程，包括三北防护林工程、天然林保护工程、退耕还林还草工程、长江防护林工程、京津冀风沙源治理工程、沿海防护林工程等，极大地促进了植被生态质量的提升。同时，土地利用类型和利用方式的改变也影响着我国植被生态质量的变化（刘军会、高吉喜，2008）。

1951~2021 年，我国气候呈暖湿化趋势，升温速率为 0.26℃ 10 yr^{-1}，降水量增加速率为 5.5 mm 10 yr^{-1}（中国气象局气候中心，2022）。2000 年以来，我国气候暖湿化趋势加剧（Ji et al., 2020），但暖湿化气候趋势的区域差异明显。

植被净初级生产力和植被覆盖度是指示植被生态质量的传统指标。中国植被净初级生产力和植被覆盖度均呈西北低、东南高的分布格局。2000 年以来，我国植被净初级生产力和覆盖度都呈现明显增加趋势（石智宇等，2022;陈淑君等，2023），气候变化和人类活动都对植被净初级生产力和覆盖度产生了重要影响。

为此，需要评估 2000 年以来我国植被生态质量的时空演变及其对气候变化、土地利用和生态工程的响应，以为生态文明建设和应对气候变化提供依据。

一　中国植被生态质量的时空演变

（一）空间分布

我国植被生态质量（不含农田）存在显著的空间分异，与年降水量的空间分布格局基本一致，呈从东南向西北逐渐降低趋势（见图1）。我国植被生态质量平均为467 g C m^{-2}yr^{-1}，东南部区域较高，为600~1200 g C m^{-2}yr^{-1}。其中，海南省的植被生态质量最好，为800~1200 g C m^{-2}yr^{-1}；西部和西北部区域的植被生态质量相对较低，新疆维吾尔自治区、西藏自治区、青海省、宁夏回族自治区、甘肃省等地区的植被生态质量为10~100 g C m^{-2}yr^{-1}（见图1）。

（二）时间动态

2000年以来，我国植被生态质量总体持续改善，呈稳中向好趋势。2022年，中国植被生态质量总体偏好，约75%区域的植被生态质量高于多年平均值，但是在西部和西北部的一些区域，植被生态质量相对较差，低于多年平均值（见图2a）。2000~2022年，我国约70%区域的植被生态质量呈显著增加趋势，其中北方绝大部分地区的植被生态质量呈增加趋势。

2000~2022年，全国平均植被生态质量增加速率为4.7 g C m^{-2}yr^{-1}，其中西部地区（新疆维吾尔自治区、西藏自治区，以及内蒙古自治区、甘肃省、青海省西部等）的植被生态质量增加速率较小，小于5 g C m^{-2}yr^{-1}（见图3a）。植被生态质量增加速率大于5 g C m^{-2}yr^{-1}的区域主要分布在中东部地区（见图3b）。中东部地区的植被生态质量增加速率一般在5~60 g C m^{-2}yr^{-1}，包括黄土高原生态工程区、长江生态工程区、海岸带和三北防护林工程区东部等地区。总体而言，我国中东部地区植被生态质量增加速率更加显著，尤其是在黄河流域和长江流域，明显大于西部地区。

2000~2022年，全国32个省级行政区的植被生态质量平均变化速率都呈增加趋势。其中，安徽省、浙江省和广西壮族自治区的植被生态质量增加速率相对较大，分别为10.06 g C m^{-2}yr^{-1}、8.13 g C m^{-2}yr^{-1}和7.85 g C m^{-2}yr^{-1}；西藏自治区、新疆维吾尔自治区和台湾省的植被生态质量增加速率相对较小，分别为0.04 g C m^{-2}yr^{-1}、0.16 g C m^{-2}yr^{-1}和0.18 g C m^{-2}yr^{-1}（见图4）。

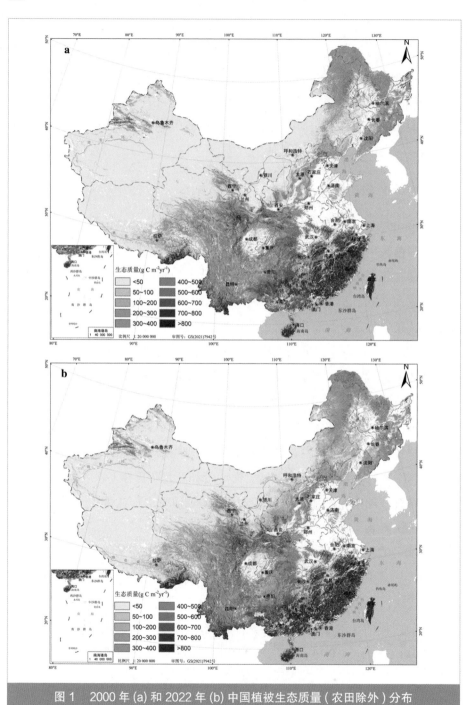

图 1 2000 年 (a) 和 2022 年 (b) 中国植被生态质量（农田除外）分布

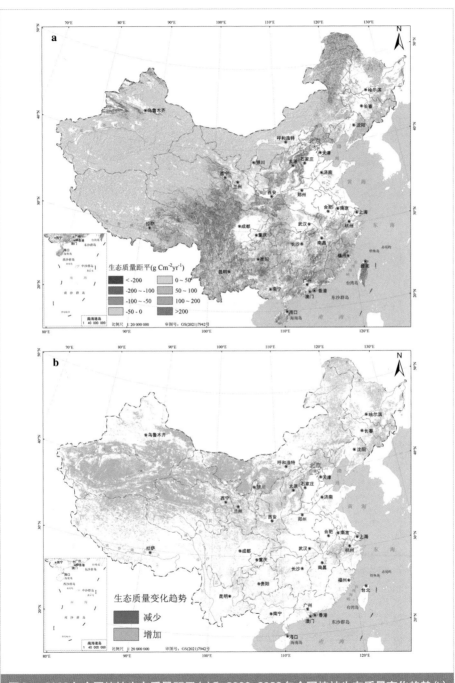

图2 2022年全国植被生态质量距平(a)和2000~2022年全国植被生态质量变化趋势(b)

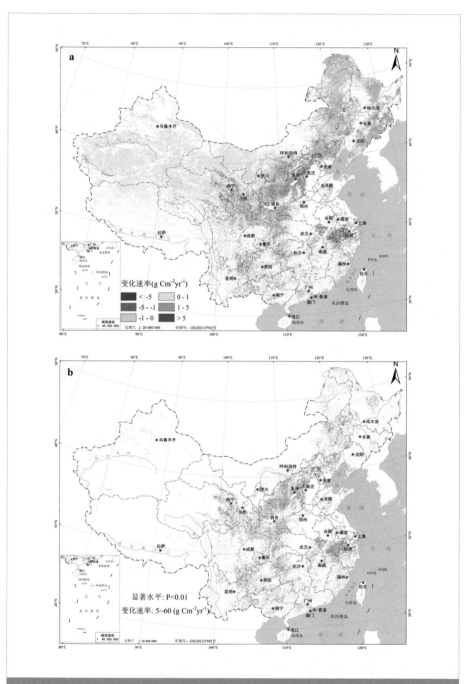

图3　2000~2022 年全国植被生态质量变化速率 (a) 和植被生态质量显著增加区 (b)

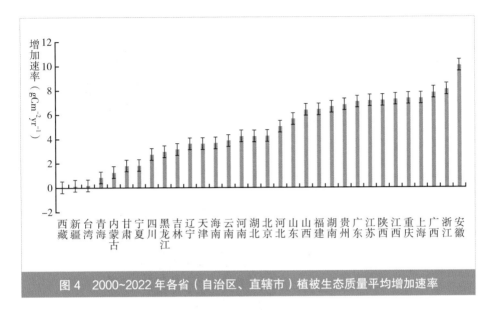

图 4 2000~2022 年各省（自治区、直辖市）植被生态质量平均增加速率

二 中国植被净初级生产力的时空演变

（一）空间分布

2000~2022 年我国平均的植被净初级生产力 (NPP) 为 662.5g C $m^{-2}yr^{-1}$。植被 NPP 空间分布具有从东南向西北减少的分布规律。以大兴安岭—吕梁山—青藏高原东坡为界线，东部和东南部的植被 NPP 相对较高，西部和西北部的植被 NPP 相对较低。东部和东南部大部分区域属于湿润和半湿润区域，年降水量较多，植被 NPP 为 500~1000g C $m^{-2}yr^{-1}$，尤其是海南省和福建省的植被 NPP 超过 1000gC $m^{-2}yr^{-1}$（见表 1 和图 5）。但是，中国东部和东南部人口和城市比较密集，城乡居住地的植被 NPP 明显较低，形成很多斑块状低值区。西部和西北部地区大部分区域属于干旱和半干旱区域，降水稀少，沙漠和戈壁面积广阔，大部分区域的植被 NPP 小于 300g C $m^{-2}yr^{-1}$，相对高值区主要分布在天山、阿尔泰山、青海湖周围、青藏高原东南部，以及塔里木盆地周边的绿洲（见图 5）。

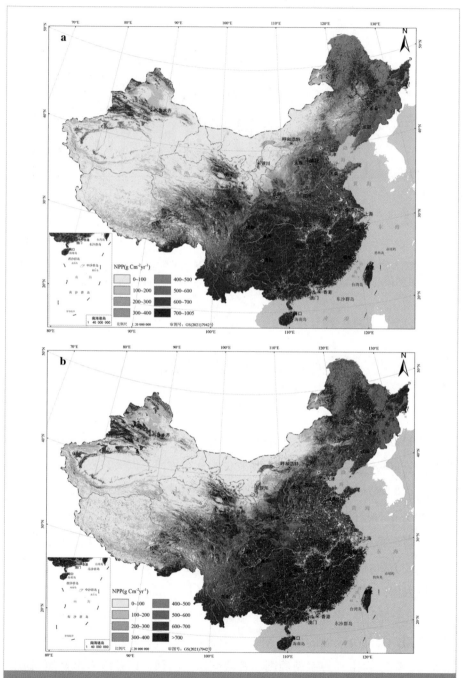

图 5　2000 年 (a) 和 2022 年 (b) 中国植被净初级生产力（NPP）分布

表1 2000~2022年全国各省区市平均的植被NPP

单位: g C m^{-2}yr^{-1}

省区市	平均值	省区市	平均值	省区市	平均值
新疆	187.24	吉林	639.96	重庆	835.14
宁夏	212.98	江苏	646.06	贵州	856.33
西藏	237.71	山东	681.66	湖南	887.11
甘肃	265.02	陕西	695.81	台湾	915.31
内蒙古	286.42	河北	707.85	浙江	917.02
青海	318.81	黑龙江	727.86	广东	956.19
上海	390.31	河南	739.45	江西	968.4
北京	489.9	四川	749.68	广西	969.49
天津	509.94	湖北	758.52	福建	1031.16
山西	594.95	云南	788.7	海南	1205.95
辽宁	629.74	安徽	819.12		

(二)时间动态

2000~2022年,我国植被NPP呈现显著变化。2022年北方区域植被NPP总体偏好,尤其是黄土高原和东北地区植被NPP显著偏好;南方区域植被NPP总体偏差,尤其是云贵高原、长江中下游和藏东南地区植被NPP显著偏差(见图6a)。2000~2022年,我国大部分区域的植被NPP呈现增加趋势。东北地区、黄土高原、内蒙古高原中西部、青藏高原北部,以及新疆天山以南区域植被NPP呈现明显增加趋势。但是,在我国东部和东南部区域,城市化迅速发展,造成植被NPP下降,出现斑块状植被NPP低值区(见图6b)。

2000~2022年,全国植被NPP增加速率为2.7g C m^{-2}yr^{-1}。植被NPP增加速率存在显著空间差异性。陕西省、山西省、黑龙江和吉林省西部是天然林保护、植树造林和退耕还林还草的重点区域,植被NPP显著增加,增加速率超过10g C m^{-2}yr^{-1}。新疆维吾尔自治区、甘肃省和青海省植被NPP也呈增加趋势,增加速率相对较低,一般小于10g C m^{-2}yr^{-1}。但是,中国东部区域城市化发展十分迅猛,大量人口向城市集中,城市建设区面积大幅度扩大,植被遭到人为破坏,植被NPP显著减少,局部区域的植被NPP减少速率大于10g C m^{-2}yr^{-1}。此外,天山山脉的部分区域植被NPP出现显著减少趋势(见图6和图7)。

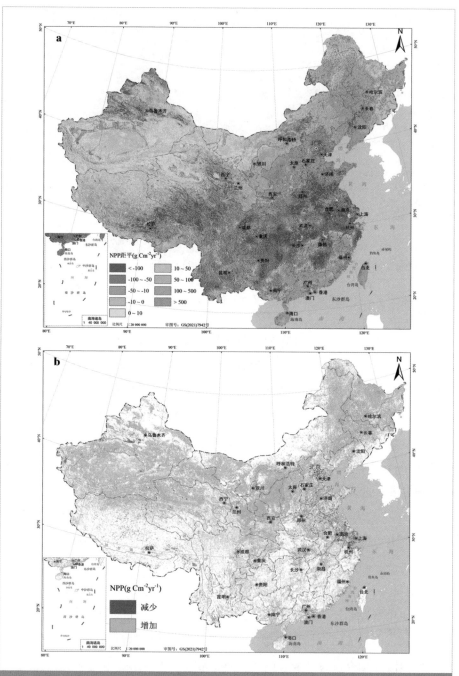

图6 2022年全国植被NPP距平(a)和2000~2022年全国植被NPP变化趋势(b)

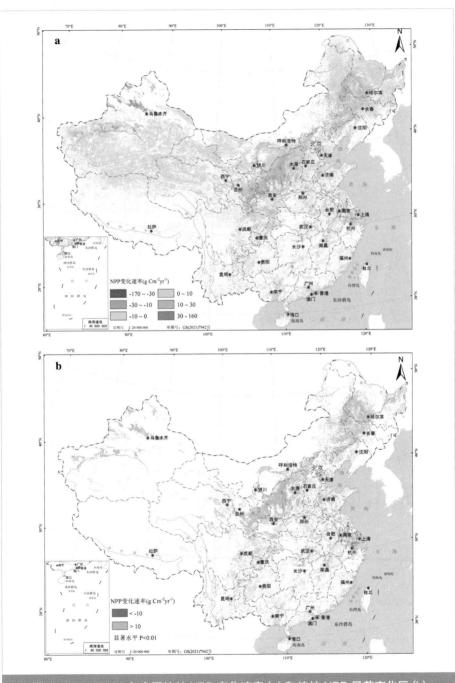

图 7 2000~2022 年全国植被 NPP 变化速率 (a) 和植被 NPP 显著变化区 (b)

三 中国植被覆盖度的时空演变

（一）空间分布

2000~2022 年，我国植被覆盖度平均为 0.475。植被覆盖度空间分布呈东南向西北减少的规律。以呼和浩特—银川—兰州—拉萨为界线，东部和东南部的植被覆盖度相对较高；西部和西北部的植被覆盖度相对较低。在我国东部和东南部区域，长江以南的植被覆盖度明显高于长江以北的植被覆盖度。长江以南的植被覆盖度一般大于 0.5，尤其是海南省、台湾省和福建省植被覆盖度超过 0.7（见表 2）。长江以北的植被覆盖度相对较低，其中大小兴安岭、长白山、燕山等区域的植被覆盖度可达 0.5~0.7，其余大部分区域的植被覆盖度为 0.4~0.5。广大的西部和西北部地区植被覆盖度普遍较低，大部分区域的植被覆盖度 0~0.3，尤其是新疆南部、内蒙古西部、青海和西藏西北部，植被覆盖度一般小于 0.15（见图 8）。

表 2 2000~2022 年全国各省区市平均的植被覆盖度

省区市	平均值	省区市	平均值	省区市	平均值
新疆	0.07	黑龙江	0.43	重庆	0.61
青海	0.17	辽宁	0.43	湖南	0.63
西藏	0.17	山东	0.43	浙江	0.64
宁夏	0.19	北京	0.45	广东	0.65
甘肃	0.2	陕西	0.48	江西	0.65
内蒙古	0.21	江苏	0.5	云南	0.65
天津	0.35	河南	0.52	广西	0.67
山西	0.38	四川	0.54	福建	0.71
河北	0.41	安徽	0.56	海南	0.73
上海	0.41	湖北	0.59	台湾	0.73
吉林	0.42	贵州	0.61		

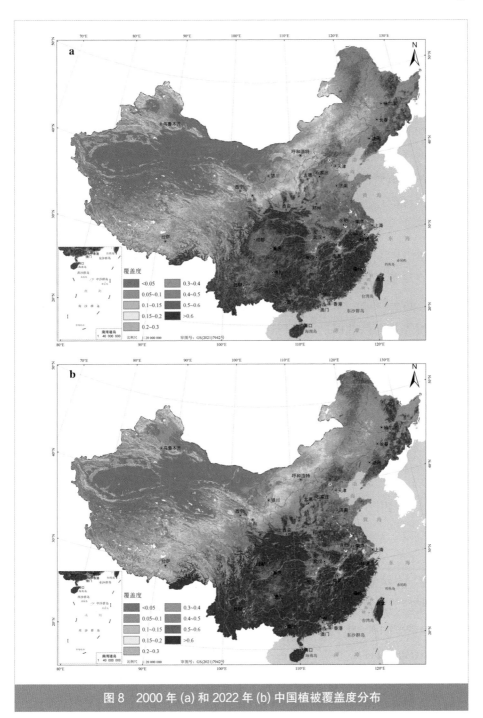

图 8　2000 年 (a) 和 2022 年 (b) 中国植被覆盖度分布

（二）时间动态

2000~2022 年，我国植被覆盖度呈现显著变化。2022 年我国北方区域植被覆盖度总体偏好，尤其是呼和浩特—银川—西宁—拉萨一线以东地区植被覆盖度显著偏好；呼和浩特—银川—西宁—拉萨一线以西，除天山、阿尔泰山等个别区域外，植被覆盖度总体偏差（见图 9a）。2000~2022 年，我国绝大部分区域的植被覆盖度呈现增加趋势。但是，在我国东部和东南部城市化迅速扩张区域的植被覆盖度显著下降，出现斑块状植被覆盖度显著下降区（见图 9b）。

2000~2022 年，全国植被覆盖度增加速率为 0.0035yr^{-1}。植被覆盖度增加速率存在显著空间差异性。植被覆盖度显著增加区域主要分布在呼和浩特—银川—兰州—成都—昆明一线以东区域。其中，内蒙古高原东部、黄土高原、四川盆地等是天然林保护、植树造林和退耕还林还草的重点工程区，植被覆盖度显著增加，增加速率超过 0.005yr^{-1}。呼和浩特—银川—兰州—成都—昆明一线以东区域，植被覆盖度增加速率相对较低，一般小于 0.005yr^{-1}。但是，中国东部区域城市化发展十分迅猛，尤其是上海—南京城市群周边，植被遭到人为破坏，植被覆盖度显著降低，局部区域的植被覆盖度降低速率大于 0.005yr^{-1}（见图 10）。

四 中国植被水土保持功能的时空演变

（一）空间分布

2000~2022 年，我国植被水土保持量平均为 108 t ha^{-1}yr^{-1}。植被水土保持功能具有明显的南北差异。长江以南、青藏高原以东的植被水土保持功能明显较大，一般为 100~500 t ha^{-1}yr^{-1}；长江以北的植被水土保持功能明显较小，一般小于 100 t ha^{-1}yr^{-1}，但是长白山、燕山、太行山、秦岭、天山等山地的植被水土保持功能相对较高，超过 100 t ha^{-1}yr^{-1}。在干旱和半干旱的中国西北部和青藏高原西部，植被水土保持功能相对较低，一般低于 50 t ha^{-1}yr^{-1}（见图 11）。

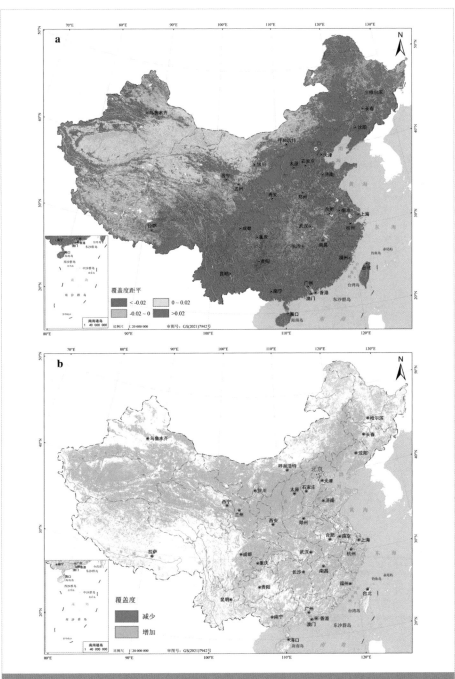

图 9　2022 年全国植被覆盖度距平 (a) 和 2000~2022 年全国植被覆盖度变化趋势 (b)

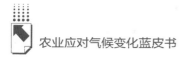
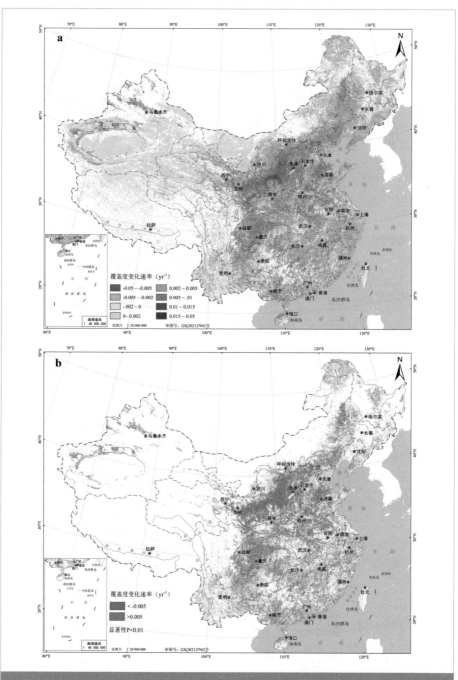

图 10　2000~2022 年全国植被覆盖度变化速率 (a) 和植被覆盖度显著变化区 (b)

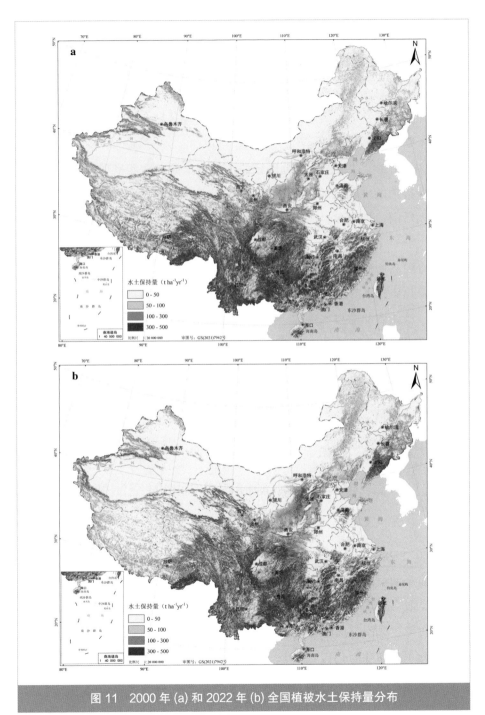

图 11 2000 年 (a) 和 2022 年 (b) 全国植被水土保持量分布

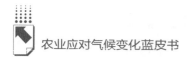

（二）时间动态

2022 年，全国植被水土保持量总体较常年偏差，为 99.8 t ha^{-1}yr^{-1}。其中，青藏高原、长江流域、天山以北等区域植被水土保持功能明显较常年要差；东北平原、华北平原、黄土高原，以及南岭以南区域，植被水土保持功能显著偏好（见图 12a）。

2000~2022 年，我国大部分区域的植被水土保持功能呈现增加趋势。植被水土保持功能显著增加区主要出现在森林分布区。其中，大小兴安岭、长白山、太行山、吕梁山、秦巴山地、南岭、武夷山等山脉的植被水土保持增加速率大于 1 t ha^{-1}yr^{-1}；但是天山山脉、阿尔泰山的植被水土保持呈现显著下降趋势。青藏高原中西部、云南、广西和广东等地，植被水土保持功能也呈现显著下降趋势，下降速率大于 1 t ha^{-1}yr^{-1}。一些区域的植被水土保持功能变化不明显，例如西北塔里木盆地、准噶尔盆地、柴达木盆地、内蒙古高原中西部干旱半干旱区，以及东北平原、黄淮海平原、长江中下游平原等农业种植区域（见图 12b 和图 13a）。

2000~2022 年，全国植被水土保持功能年际波动幅度较大，水土保持功能波动范围 96~113 t ha^{-1}yr^{-1}。从全国平均情况看，2000~2022 年全国植被水土保持功能呈现微弱的增加趋势，平均增加速率 0.2 t ha^{-1}yr^{-1}（R^2=0.0687）（见图 13b）。

五 中国植被水源涵养功能的时空演变

（一）空间分布

2000~2022 年，我国植被水源涵养量平均为 47 mm yr^{-1}。植被水源涵养功能存在显著的空间分异规律，从东南向西北逐渐减少，与年降水量的宏观分布格局类似。南京—武汉—贵阳—昆明一线的东南部植被水源涵养功能较高。其中，台湾、海南、福建、广东、广西、湖北、湖南等地的植被水源涵养功能一般为 100~500 mm yr^{-1}。大小兴安岭—太行山—秦岭—青藏高原东部边缘一线的西部和西北部绝大部分区域的植被水源涵养功能相对较低，一般低于 50mm yr^{-1}，但是在中国藏南地区，植被水源涵养功能相对较高，可达 100~500

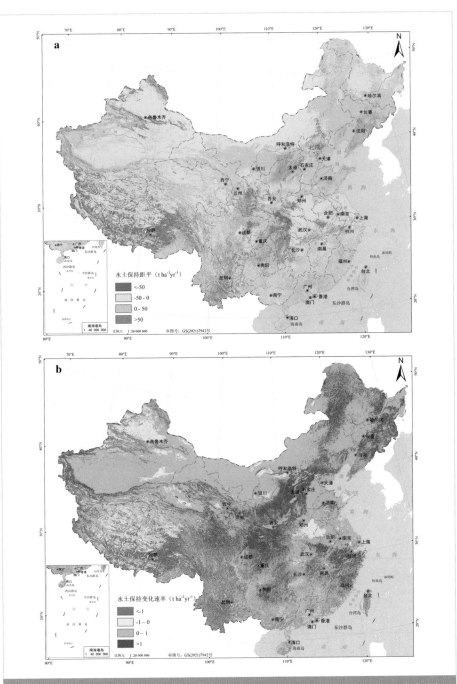

图 12　2022 年全国水土保持距平 (a) 和 2000~2022 年全国水土保持变化速率 (b)

mm yr^{-1}。南京—武汉—贵阳—昆明一线与大小兴安岭—太行山—秦岭—青藏高原东部边缘一线之间的区域，植被水源涵养功能一般为 50~100mm yr^{-1}，其中三江平原湿地、辽宁盘锦湿地、云南南部等区域，植被水源涵养功能相对较高，可达 100~500 mm yr^{-1}（见图 14）。

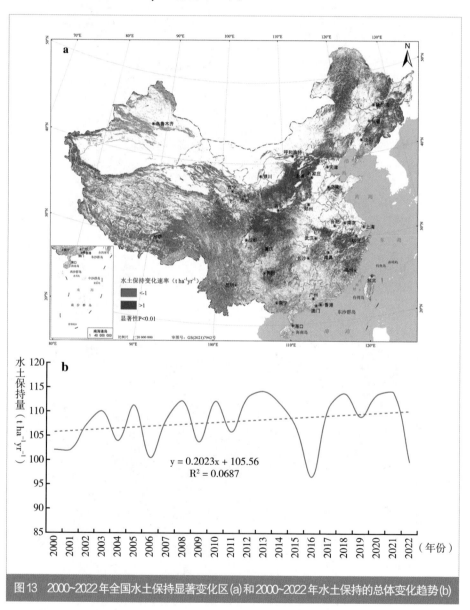

图13　2000~2022年全国水土保持显著变化区(a)和2000~2022年水土保持的总体变化趋势(b)

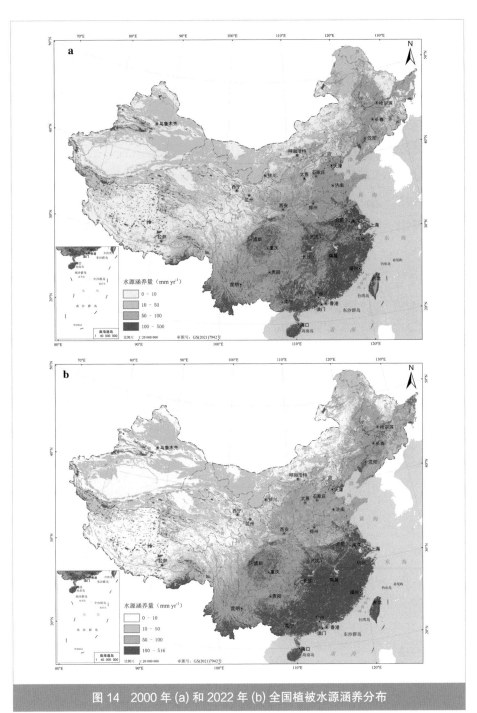

图 14　2000 年 (a) 和 2022 年 (b) 全国植被水源涵养分布

（二）时间动态

2022 年，全国植被水源涵养量总体较常年略微偏好，为 48.6 mm yr^{-1}。其中，新疆东部和南部、青藏高原南部、四川盆地、云南、山东、河南、安徽、江苏等区域植被水源涵养功能明显较常年偏差；长白山、黄土高原、藏南地区，以及南岭以南区域，植被水源功能显著偏好（见图 15a）。

2000~2022 年，我国很多区域的植被水源涵养功能呈增加趋势。植被水源涵养功能显著增加区主要分布在中国中东部地区。其中，东北地区、太行山、吕梁山、四川盆地周边，以及长江流域以南区域的植被水源涵养增加速率大于 0.5 mm yr^{-1}。但是，在青藏高原中西部地区、云南、四川盆地、河南北部、山东西北、福建至广东沿海，以及台湾和海南等地，植被水源涵养功能呈现明显下降趋势，下降速率大于 –4.3~–0.5mm yr^{-1}。在干旱和半干旱的西北地区，植被水源涵养功能变化不明显，变化幅度为 –0.5~0.5 mm yr^{-1}（见图 15b 和图 16a）。2000~2022 年，全国植被水源涵养功能年际波动幅度不大，水源涵养量年际波动范围 44~48.9 mm yr^{-1}。从全国平均情况看，2000~2022 年全国植被水源涵养功能呈增加趋势，平均增加速率 0.12 mm yr^{-1}（R^2=0.2559）（见图 16b）。

六 气候变化对中国植被生态质量的影响

（一）中国气候变化趋势

气候是植被生态质量变化的重要驱动力。中国气象局发布的《中国气候变化蓝皮书（2022）》显示，1951~2021 年中国地表年平均气温呈显著上升趋势，升温速率为 0.26℃ 10 yr^{-1}，高于同期全球平均升温水平（0.15℃ 10 yr^{-1}）；1961~2021 年中国平均年降水量增加速率为 5.5 mm 10 yr^{-1}（中国气象局气候中心，2022）。

2000~2022 年，全国约 90% 区域的年均气温呈明显增加趋势，增加速率为 0~0.049 ℃ yr^{-1}。2000~2022 年，全国平均年气温增加速率为 0.041 ℃ yr^{-1}（见

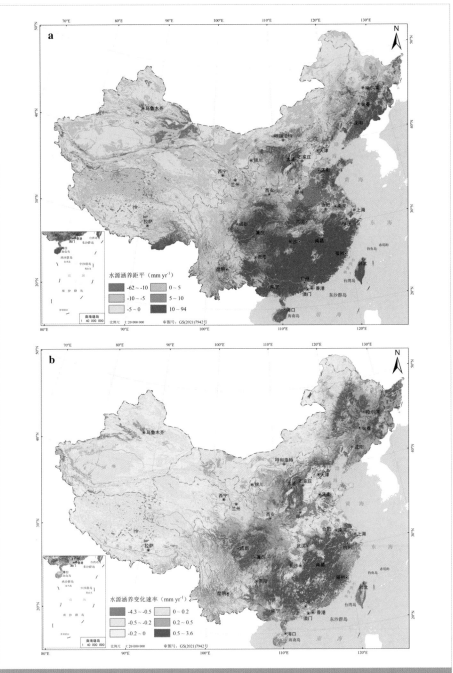

图 15 2022 年全国水源涵养距平 (a)2000~2022 全国水源涵养变化速率 (b)

图 17a），远超 1951~2021 年的平均增温速率（0.15℃ 10 yr⁻¹），约为全球平均增温速率的 2 倍。全国约 80% 区域的年均气温增加速率超过全球平均增温速率（0.02 ℃ yr⁻¹）（见图 17b）。

2000~2022 年，全国平均年降水量增加速率为 5.4 mm yr⁻¹（见图 18a），

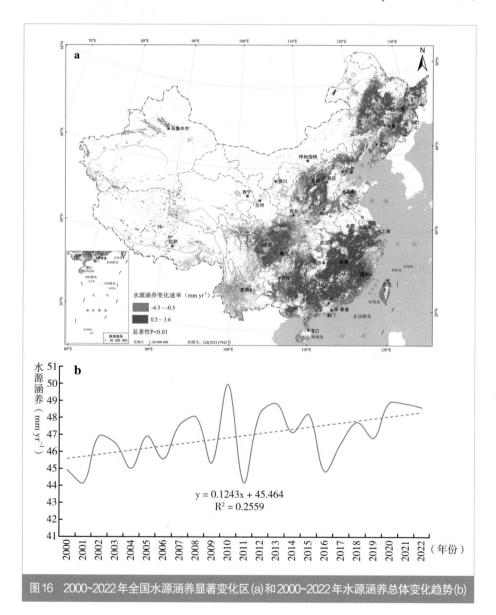

图16　2000~2022年全国水源涵养显著变化区(a)和2000~2022年水源涵养总体变化趋势(b)

约为 1961~2021 年全国平均年降水量增加速率（5.5 mm 10 yr^{-1}）的近 10 倍。2000~2022 年，全国多年平均降水量为 628mm，约 70% 区域的年降水量呈明显增加趋势，增加速率为 0~59 mmyr^{-1}（见图 18b）。

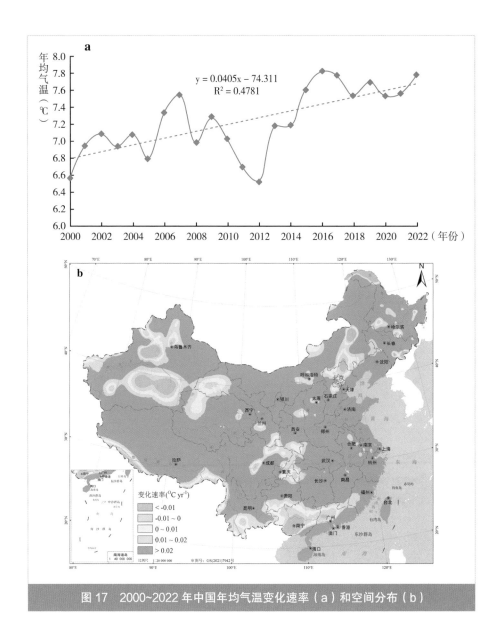

图 17　2000~2022 年中国年均气温变化速率（a）和空间分布（b）

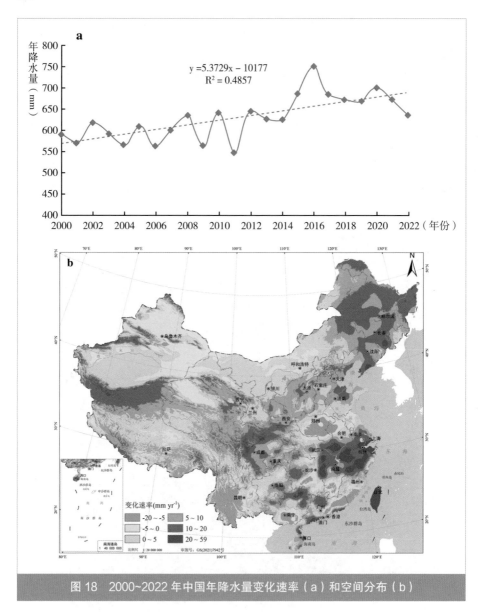

图 18 2000~2022 年中国年降水量变化速率（a）和空间分布（b）

（二）影响中国植被的主要气候因子

气候变化是影响植被的重要因素。在全国尺度上，植被生态质量与年均温、年降水量、日照时数、太阳辐射、风速等气候因子均呈显著相关关系

（见表3）。其中，植被生态质量与年均温、年降水量呈显著正相关关系，表明气温升高和降水增加有助于植被生态质量改善。植被生态质量与日照时数、太阳辐射、风速呈显著负相关关系，表明日照时数、太阳辐射和风速增加对植被生态质量有不利影响。

植被生态质量与年降水量的关系最为密切，皮尔逊相关系数为0.823，与日照时数的皮尔逊相关系数为–0.754。这表明，年降水量和日照时数是影响我国植被生态质量的两个关键气候因子。但是，这两个关键气候因子对植被生态质量影响的作用相反，年降水量增加有助于改善植被生态质量，日照时数增加则不利于植被生态质量改善。同时，植被生态质量与太阳总辐射的皮尔逊相关系数为–0.599，与年均温的皮尔逊相关系数为0.551，与风速的皮尔逊相关系数为–0.497。因此，太阳总辐射、年均温和风速也是影响植被生态质量的重要气候因子。

表3 植被生态质量与气候因子之间的相关性

生态质量	皮尔逊相关		斯皮尔曼相关		肯德尔等级相关	
	样本数 293 个					
	相关系数	显著性（双侧）	相关系数	显著性（双侧）	相关系数	显著性（双侧）
年均温	0.551**	< 0.001	0.223**	< 0.001	0.137**	< 0.001
年降水量	0.823**	< 0.001	0.898**	< 0.001	0.717**	< 0.001
日照时数	–0.754**	< 0.001	–0.779**	< 0.001	–0.574**	< 0.001
太阳辐射	–0.599**	< 0.001	–0.652**	< 0.001	–0.449**	< 0.001
(2m) 风速	–0.497**	< 0.001	–0.389**	< 0.001	–0.274**	< 0.001

（三）中国植被生态质量变化的气象贡献率

气候变化和人类活动是中国植被生态质量变化的主要驱动力。气候变化对植被生态质量变化的驱动作用可用气象贡献率表述。气象贡献率是实际植被生态质量变化量与潜在植被生态质量变化量的比值，体现了短期气象波动和长期气候变化对植被生态质量的影响。2000~2022年，全国植被生态质量变化的气象贡献率约为42%，大部分区域植被生态质量变化的气象贡献表现为正贡献，表明2000~2022年的气候变化有利于植被生态质量改善，是植被生态质量稳中向好发展的重要驱动力。

2000~2022年，我国植被生态质量变化的气象贡献率存在明显的空间差异。在中国东部地区，植被生态质量变化的气象贡献率以正贡献为主，表明气候变化有利于植被生态质量改善；西部地区则有正有负，表明一些地区的气候变化有利于植被生态质量改善，而有一些地区的气候变化则不利于植被生态质量改善（见图19）。

七 人类活动对中国植被生态质量的影响

直接影响植被生态质量的人类活动包括改变土地利用类型和方式以及对

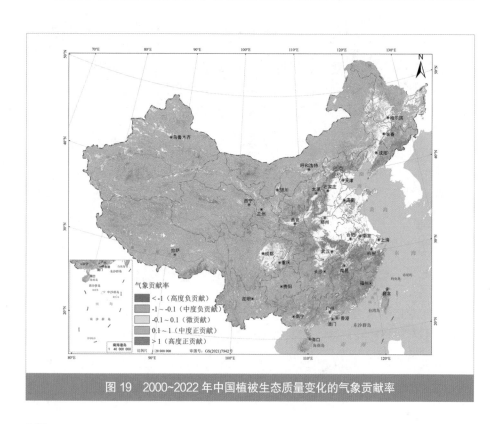

图19 2000~2022年中国植被生态质量变化的气象贡献率

生态环境进行有目的保护和修复工程。由于现代化机械的应用，人为活动对土地利用类型的改造程度大幅度提高。土地利用变化不仅改变植被覆盖及其空间格局，而且影响植被生态系统的物质循环和能量流动，引起土壤水分和养分、地表径流与侵蚀等生态过程的变化（傅伯杰，2022）。

（一）土地利用变化的影响

2000~2020 年的土地利用类型叠加分析显示：全国约 32.5% 的土地利用类型发生了改变，其中草地和农田变化较大，变化面积分别约为 113.3 万平方公里和 65 万平方公里；城镇建设用地（聚落）面积净增约 9.43 万平方公里（见表 4）。研究表明，建设用地扩张将造成大量植被的破坏，直接导致植被净初级生产力和植被覆盖度的显著下降（汲玉河等，2021）。因此，城镇建设用地（聚落）面积增加是造成我国局部地区植被生态质量显著下降的主要驱动力。

表 4　2000~2020 年中国土地利用类型转移矩阵

单位：平方公里

		2020 年							
		农田	森林	草地	水体	荒漠	聚落	湿地	合计
2000 年	农田	—	262773	173960	31447	9865	156691	15573	650309
	森林	270772	—	274644	15058	10999	22672	20444	614589
	草地	197682	314744	—	29566	509613	19518	62134	1133257
	水体	24717	11274	23376	—	34145	6686	8034	108232
	荒漠	23013	24472	323371	23856	—	5439	14876	415027
	聚落	91710	9547	8543	7372	1203	—	1262	119637
	湿地	25703	8161	27795	9387	10269	2933	—	84248
	合计	633597	630971	831689	116686	576094	213939	122323	

2000~2020 年，其他土地利用类型转变为森林的面积约为 63.1 万平方公里，森林转化为其他用地类型的面积约为 61.46 万平方公里，森林面积净增约 1.64 万平方公里。森林具有较高的净初级生产力，森林面积增加有利于植被生态质量的改善。2000~2020 年，其他土地利用类型转变为湿地的面积约

12.23 万平方公里，湿地转化为其他用地类型的面积约 8.42 万平方公里，湿地面积净增约 3.81 万平方公里（见表 4）。湿地生物多样性丰富，尤其是沼泽湿地具有较高的净初级生产力和植被覆盖度。因此，森林和湿地的面积增加也是我国植被生态质量改善的重要驱动力。

（二）生态工程的影响

自 1978 年开始，我国相继开展了一系列生态工程建设，包括三北防护林工程、天然林保护工程、退耕还林还草工程、长江防护林工程、京津冀风沙源治理工程和沿海防护林工程等重大生态工程（见图 20）。实施生态工程的土地面积约占国土总面积的 70%，涉及重点生态功能区、国家级自然保护区、生态敏感区和生态脆弱区。在生态工程区，多种技术的有机组合被用于生态保护和生态修复。依据退化生态系统恢复对象不同，采用的恢复技术主要包括：非生物或环境要素（包括土壤、水体、大气）的恢复技术，生物因素（包括物种、种群和群落）的恢复技术，生态系统（包括结构与功能）的总体规划、设计与组装技术，景观恢复技术（包括生态系统间连接技术、生态保护网络构建技术等）。根据人类干扰程度的不同，主要实施生态保护技术（如自然保护地技术、生态功能群重建技术、生态网络构建技术等）和生态修复技术（如土壤修复技术、植物修复技术、景观修复技术、再野生化技术等）（王夏晖等，2022）。

生态工程实施显著推动了我国植被生态质量的改善。黄河流域重点生态工程区和长江重点生态工程区的植被生态质量改善速率明显大于其他区域，一般大于 5 g C m^{-2}yr^{-1}（见图 3）。生态工程保护和恢复措施在促进植被生态质量改善方面起到了重要作用（Zhang et al.，2016；陈珊珊等，2022）。

一些绿色工程的实施也间接推动了植被生态质量的改善。例如，干旱半干旱区的光伏发电工程，大规模布设的光伏板阵列拦截到达地表的太阳辐射，减少了下垫面可接收到的太阳辐射总量，同时改变了风场、土壤温湿度等微气候条件，起到了"降温增湿"作用，对干旱半干旱区的植被生长起到促进作用（吴川东等，2021）。研究表明，西北荒漠区光伏基地的下垫面结构变化可以改善生态因子、促进沙地植物从无到有的发展，在 10 年时间内植被覆盖从近乎为零增长至约 33%（乔圣超等，2023）。对我国植被生态质量的评估表明，全国尺度上植被生态质量与日照时数、太阳辐射、风速呈显著负相关关系。因此，减少日照时数，或降低到达地面的太阳辐射，或降低地面风速，都有助于植被生长，从而达到改善植被生态质量的目的。

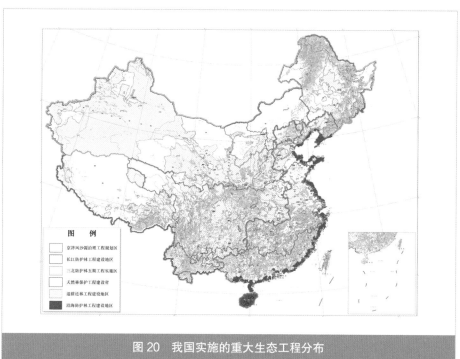

图 20　我国实施的重大生态工程分布
图片来源：中国林业科学研究院。

B.3
三北防护林区植被生态质量及其归因分析

摘 要： 三北防护林区 2000~2022 年植被生态质量平均值为 63.6 g C $m^{-2}yr^{-1}$，增加速率为 1.13 g C $m^{-2}yr^{-1}$，均低于全国平均水平，呈东南向西北逐渐减少趋势。植被 NPP 为 357.8 gC $m^{-2}yr^{-1}$，低于全国平均值，增加速率为 5.2 gC $m^{-2}yr^{-1}$，超过全国平均值；覆盖度为 0.151，增加速率为 0.0019yr^{-1}，均低于全国平均值。植被水土保持量为 45.1 t $ha^{-1}yr^{-1}$，低于全国平均值，增加速率为 0.33 t $ha^{-1}yr^{-1}$，高于全国平均值；水源涵养量为 25.2 mm yr^{-1}，增加速率为 0.07 mm yr^{-1}，均低于全国平均值。三北防护林区气候暖湿化明显，年降水量、日照时数和太阳辐射是影响植被生态质量的主要因子。植被生态质量变化的气象贡献率为 17.6%。

关键词： 植被生态质量 气候暖湿化 气象贡献率 生态工程 三北防护林区

1978 年开始的旨在保护环境和恢复退化生态系统的三北防护林工程（简称三北工程）是党中央站在中华民族生存和发展长远大计的高度上做出的重大战略决策。习近平总书记指出，三北工程建设是生态文明建设的一个重要标志性工程。三北防护林工程开了中国重点林业生态工程建设的先河，成为全球最大的植树造林工程区。三北防护林工程涉及中国西北、华北、东北的 13 个省（区、市）725 个县（市、区），总面积 435.8 万平方公里。三北工程规划历时 73 年（1978~2050 年），分三个阶段完成。第一个阶段为 1978~2000 年，包括一期、二期、三期工程；第二个阶段为 2001~2020 年，包括四期和五期工程；第三个阶段为 2021~2050 年，包括六期、七期和八期工程（朱教君、郑晓，2019）。

三北防护林区自然条件较为恶劣，分布着中国的八大沙漠、四大沙地和广袤的戈壁，干旱灾害严重，沙尘暴频繁，生态环境极其脆弱。主要气候类型属于温带大陆性气候，年降水量从东向西、从南向北递减，大部分地区的年降水量不足400mm，水资源严重不足。植被类型主要有森林、草原和荒漠。

三北防护林工程的实施显著改善了脆弱的生态环境。至2020年，三北防护林区生态系统恢复良好，森林覆盖率显著提高，植被覆盖度增加，植被净初级生产力提高，单位面积水源涵养量、植被固碳量、土壤保持量和防风固沙量等生态系统服务功能明显好转（纪平等，2022）。本报告将重点评估2000年以来三北防护林区植被生态质量时空格局及其对气候变化、土地利用和生态工程的响应，为三北防护林经营管理和应对气候变化提供决策依据。

一 三北防护林区植被生态质量时空演变

（一）空间分布

三北防护林区植被生态系统总体格局表现为由东部的农田和森林，向西过渡到草地和荒漠。2000~2022年，三北防护林区植被生态质量平均为63.6 g C m^{-2}yr^{-1}，远低于全国植被生态质量平均值467 g C m^{-2}yr^{-1}。三北防护林区植被生态质量（不含农田）空间差异十分显著，呈东南向西北逐渐降低趋势。东部和东南部（内蒙古高原东部和黄土高原东部）植被生态质量相对较高，一般大于300 g C m^{-2}yr^{-1}；西部和西北部除天山、阿尔泰山外，植被生态质量相对较低，一般小于30 g C m^{-2}yr^{-1}（见图1）。

三北防护林区植被生态质量总体格局与年降水量的空间分布格局基本一致。水资源是制约三北防护林区植被生态质量空间分异的关键要素。三北防护林区的东部和东南部降水量相对充足，年降水量一般大于400mm，植被类型以典型草地、森林和农田为主，植被生态质量相对较高；中西部沙漠和戈壁广布地区存在大面积植被稀疏区和无植被覆盖度区，植被生态质量非常低（见图1）。

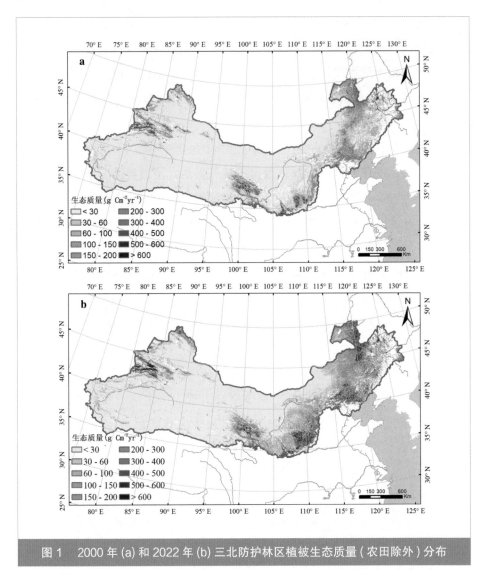

图 1　2000 年 (a) 和 2022 年 (b) 三北防护林区植被生态质量（农田除外）分布

（二）时间动态

受气候波动影响，三北防护林区植被生态质量存在明显的年际变化。
2022 年，三北防护林区植被生态质量总体向好，约 75% 区域的植被生态质量
高于多年平均值。但是，三北防护林区的西部准噶尔盆地、塔里木盆地以及内

蒙古高原东部的一些区域，2022 年植被生态质量低于多年平均值（见图 2a）。

2000~2022 年，三北防护林区植被生态质量持续改善，呈稳中向好趋势。三北防护林区约 85% 区域的植被生态质量呈现显著上升趋势；仅有天山山脉、准噶尔盆地、内蒙古高原西北部等少数区域的植被生态质量呈下降趋势（$P<0.01$）（见图 2b）。

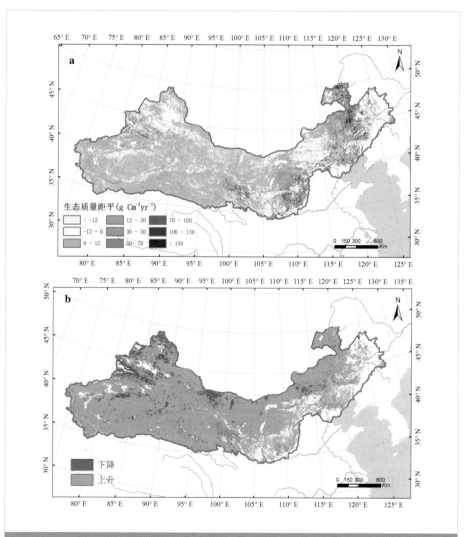

图 2　2022 年三北防护林区植被生态质量距平 (a) 和 2000~2022 年三北防护林区植被生态质量变化趋势 (b)

尽管 2000~2022 年三北防护林区约 85% 区域的植被生态质量呈现显著上升趋势，但是平均植被生态质量增加速率仅为 1.13 g C m^{-2}yr^{-1}，低于全国平均植被生态质量增加速率 4.7 g C m^{-2}yr^{-1}。尤其是，三北防护林区的中西部广大区域植被生态质量增加速率非常小，一般为 0 ~ 0.5g C m^{-2}yr^{-1}，一些区域（天山山脉、准噶尔盆地等）的植被生态质量甚至出现降低趋势（见图 3a）。

总体而言，三北防护林区东部和东南部地区的植被生态质量增加速率较显著，明显大于中西部地区。东部和东南部（黄土高原东部、内蒙古高原东部）的植被生态质量增加非常显著，增加速率大于 10 g C m^{-2}yr^{-1}（$P < 0.01$）（见图 3b），大于全国植被生态质量的平均增加速率。

二 三北防护林区植被净初级生产力的时空演变

（一）空间分布

2000~2022 年，三北防护林区植被净初级生产力（NPP）平均为 357.8 gC m^{-2}yr^{-1}，低于全国平均的植被 NPP 662.5g C m^{-2}yr^{-1}。三北防护林区植被 NPP 空间差异显著，呈东部和西部高、中部低的空间格局。东部和东南部（内蒙古高原东部、黄土高原东部、青海湖周边），以及西部的天山、阿尔泰山，植被 NPP 相对较高，一般大于 200 g C m^{-2}yr^{-1}，部分区域的植被 NPP 大于 500 g C m^{-2}yr^{-1}。内蒙古高原西部、黄土高原西部、塔里木盆地、准噶尔盆地等中部地区，沙漠和戈壁广布，存在大面积植被稀疏区和无植被覆盖度区，植被 NPP 相对较低，一般小于 100 g C m^{-2}yr^{-1}（见图 4）。

（二）时间动态

三北防护林区的植被 NPP 年际变化显著。2022 年，三北防护林区的植被 NPP 总体偏好，约 90% 区域的植被 NPP 高于多年平均值。仅天山北部、青海湖周边，以及内蒙古高原东部个别区域，植被 NPP 低于多年平均值（见图 5a）。2000~2022 年，三北防护林区的植被 NPP 持续升高，约 85% 区域的植被 NPP 呈升高趋势。其中，内蒙古高原东部、黄土高原东部、太行山脉，

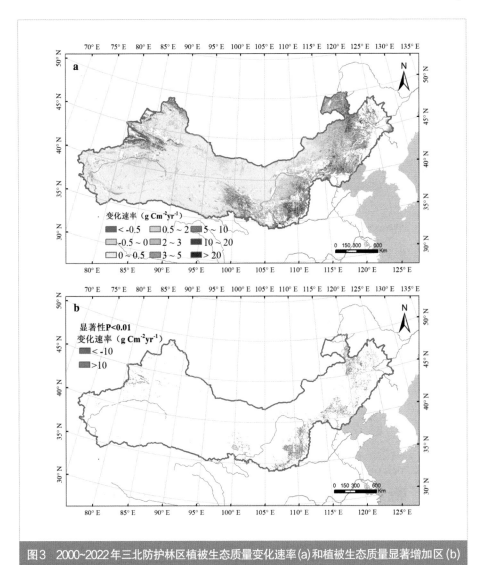

图3 2000~2022年三北防护林区植被生态质量变化速率(a)和植被生态质量显著增加区(b)

以及新疆个别区域的植被NPP呈显著升高趋势，上升速率超过10 g C m⁻²yr⁻¹（$P<0.01$）。仅有天山山脉、河北省北部等少数区域的植被NPP呈下降趋势，下降速率超过10 g C m⁻²yr⁻¹（见图5b和图6a）。

总体上，2000~2022年，三北防护林区的植被NPP由2000年的286.3 g C m⁻²

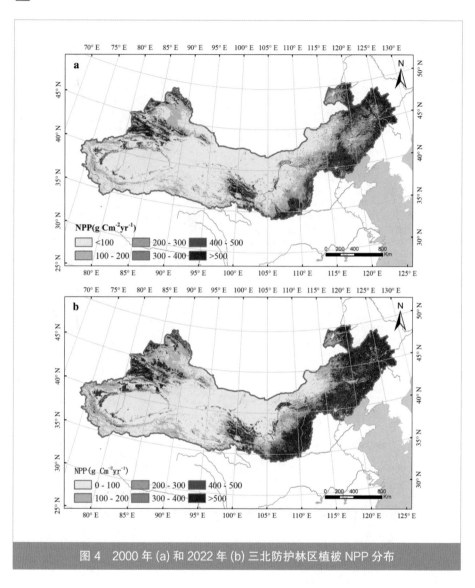

图 4　2000 年 (a) 和 2022 年 (b) 三北防护林区植被 NPP 分布

yr^{-1} 增加到 2022 年的 413.3 g C m^{-2}yr^{-1}，增加幅度达 44.4%，平均增加速率为 5.2 g C m^{-2}yr^{-1}（R^2=0.885）（见图 6b），远远超过全国平均的植被 NPP 增加速率 2.7g C m^{-2}yr^{-1}。

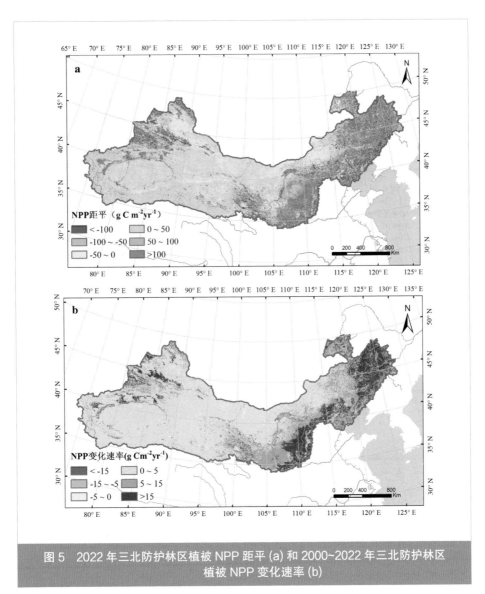

图 5　2022 年三北防护林区植被 NPP 距平 (a) 和 2000~2022 年三北防护林区
植被 NPP 变化速率 (b)

三　三北防护林区植被覆盖度的时空演变

（一）空间分布

2000~2022 年三北防护林区的植被覆盖度平均为 0.151，低于全国平均植

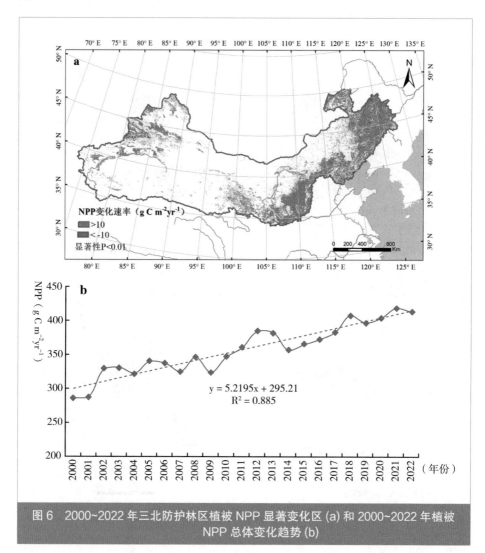

图 6 2000~2022 年三北防护林区植被 NPP 显著变化区 (a) 和 2000~2022 年植被 NPP 总体变化趋势 (b)

被覆盖度 0.475。三北防护林区植被覆盖度空间差异性非常显著，与植被 NPP 的分布格局类似，呈东部和西部高、中部低的空间分布格局。东部和东南部的植被覆盖度相对较高，其中内蒙古高原东部、黄土高原东部、青海湖周边，以及西部的天山、阿尔泰山植被覆盖度一般为 0.2~0.7，部分区域植被覆盖度超过 0.7。内蒙古高原西部、黄土高原西部、塔里木盆地、准噶尔盆地等中部地区，由于沙漠和戈壁广布，存在大面积植被稀疏区和无植被覆盖度区，植被覆盖度一般小于 0.15（见图 7）。

（二）时间动态

三北防护林区植被覆盖度年际变化比较显著。2022 年，三北防护林区

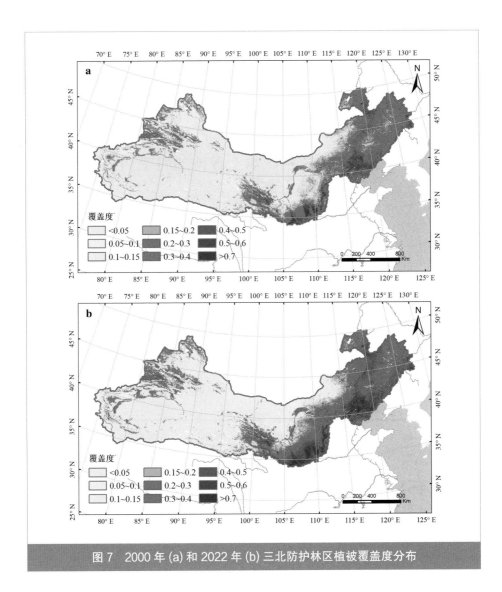

图 7　2000 年 (a) 和 2022 年 (b) 三北防护林区植被覆盖度分布

植被覆盖度总体偏好，约70%区域的植被覆盖度高于多年平均值。仅新疆
北部、内蒙古高原东部个别区域，植被覆盖度低于多年平均值（见图8a）。
2000~2022年，三北防护林区植被覆盖度持续升高，约90%区域的植被覆盖
度呈升高趋势。其中，内蒙古高原东部、黄土高原东部、太行山脉等区域的
植被覆盖度升高趋势最显著，上升速率超过0.001 yr^{-1}，尤其是黄土高原东部
的局部区域植被覆盖度上升速率超过0.01 yr^{-1}（P<0.01）。尽管新疆北部局部
区域植被覆盖度有下降趋势，但是下降速率较小（见图8b和图9a）。

总体上，2000~2022年三北防护林区植被覆盖度由2000年的0.14增加到
2022年的0.17，增加幅度达21.4%，平均增加速率为0.0019yr^{-1}（R^2=0.846）（见
图9b），低于全国平均的植被覆盖度增加速率0.0035yr^{-1}。

四 三北防护林区水土保持的时空演变

（一）空间分布

2000~2022年，三北防护林区植被水土保持量平均为45.1 t ha^{-1}yr^{-1}，远远
低于全国平均的植被水土保持量108 t ha^{-1}yr^{-1}。三北防护林区植被水土保持量
空间差异性明显，东部和东南部水土保持量较高，其中内蒙古高原东部、黄
土高原东部、青藏高原东北部，以及西部的天山山脉植被水土保持量相对较
高，一般大于50 t ha^{-1}yr^{-1}；中西部地区沙漠和戈壁广布，植被水土保持量较
低，其中内蒙古高原中西部、黄土高原西部、塔里木盆地、准噶尔盆地、柴
达木盆地等存在大面积植被稀疏区和无植被覆盖度区，植被水土保持量一般
小于20 t ha^{-1}yr^{-1}（见图10）。

（二）时间动态

三北防护林区植被水土保持的年际变化比较明显。2022年，三北防护林
区植被水土保持量大致与多年平均值持平，约50%区域的植被水土保持量高
于多年平均值，约50%区域的植被水土保持量低于多年平均值。其中，黄土
高原东部、内蒙古高原东部、南疆西部等区域植被水土保持量显著高于多年

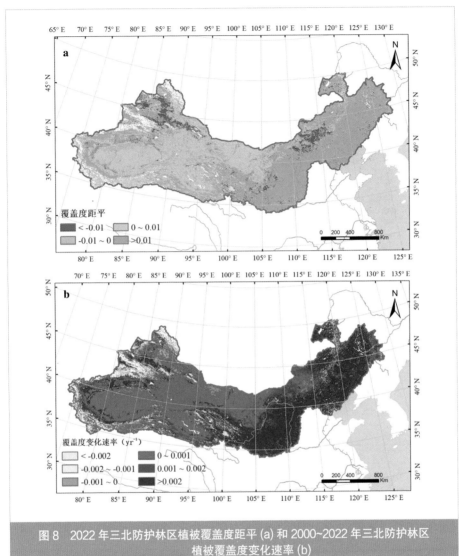

图 8　2022 年三北防护林区植被覆盖度距平 (a) 和 2000~2022 年三北防护林区
植被覆盖度变化速率 (b)

平均值（见图 11a）。2000~2022 年，三北防护林区植被水土保持量发生了明显变化，约 75% 区域的植被水土保持量呈现升高趋势。其中，内蒙古高原东部、黄土高原东部、太行山脉等区域的植被水土保持量升高趋势最显著，上升速率超过 1 t ha^{-1}yr^{-1}。但是新疆北部区域植被水土保持量有下降趋势，尤其

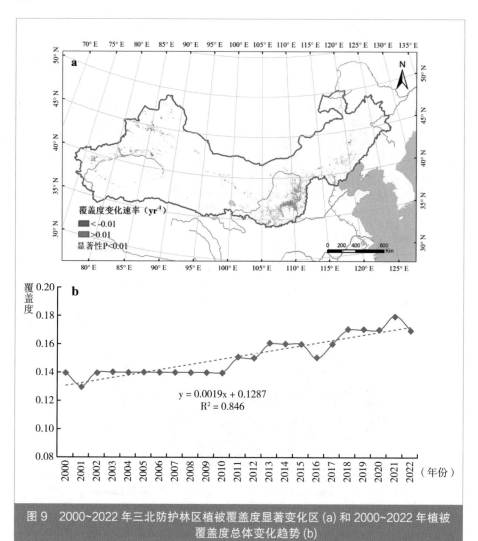

图 9 2000~2022 年三北防护林区植被覆盖度显著变化区 (a) 和 2000~2022 年植被覆盖度总体变化趋势 (b)

是天山山脉和阿尔泰山脉，植被水土保持量呈现显著下降趋势，下降速率一般超过 1 t ha^{-1}yr^{-1}（见图 11b 和图 12a）。

总体上，2000~2022 年，三北防护林区植被水土保持量由 2000 年的 37 t ha^{-1}yr^{-1} 增加到 2022 年的 43.8 t ha^{-1}yr^{-1}，增加幅度达 18.4%，平均增加速率为 0.33 t ha^{-1}yr^{-1}（R^2=0.24）（见图 12b），高于全国平均的植被水土保持量增加速率 0.2 t ha^{-1}yr^{-1}。

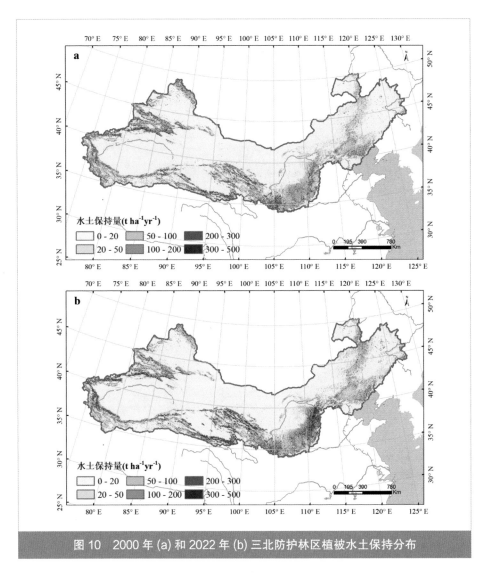

图 10　2000 年 (a) 和 2022 年 (b) 三北防护林区植被水土保持分布

五　三北防护林区水源涵养的时空演变

（一）空间分布

2000~2022 年，三北防护林区水源涵养量平均为 25.2 mm yr^{-1}，明显低于全国平均的植被水源涵养量 47mm yr^{-1}。三北防护林区的水源涵养量呈现东部

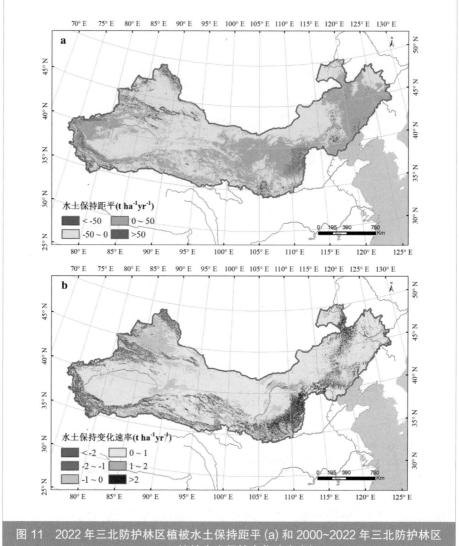

图 11　2022 年三北防护林区植被水土保持距平 (a) 和 2000~2022 年三北防护林区
植被水土保持变化速率 (b)

高，西部和中部低的特点。内蒙古高原东部、燕山、太行山、吕梁山等区域
的植被水源涵养量一般为 50 ~150 mm yr^{-1}；中西部的塔里木盆地、准噶尔盆
地、柴达木盆地、内蒙古高原中西部、黄土高原西北部的水源涵养量较低，
一般为 0~50 mm yr^{-1}。

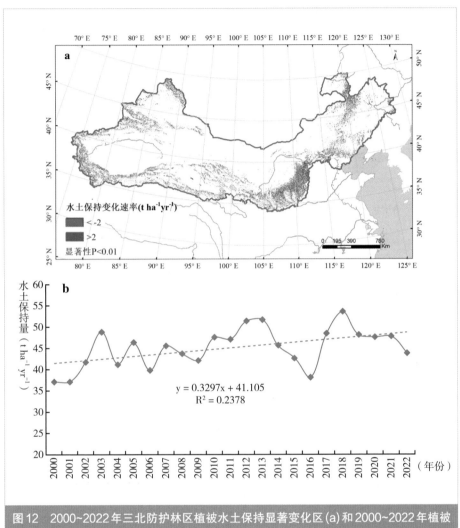

图12　2000~2022年三北防护林区植被水土保持显著变化区(a)和2000~2022年植被水土保持总体变化趋势(b)

（二）时间动态

三北防护林区植被水源涵养的年际波动明显，最大波动幅度达 4.83 mm yr⁻¹。2022 年，三北防护林区植被水源涵养量较多年平均值偏低，约 40% 区域的植被水源涵养量高于多年平均值，约 60% 区域的植被水源涵养量低于多年平均值。

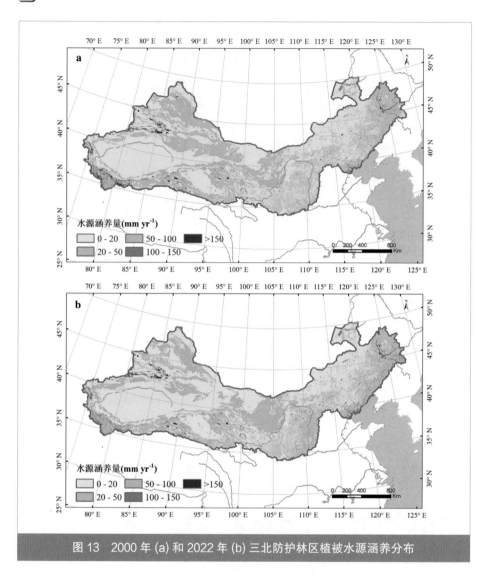

图 13 2000 年 (a) 和 2022 年 (b) 三北防护林区植被水源涵养分布

其中，黄土高原东部、内蒙古高原东部等区域的植被水源涵养量显著高于多年平均值（见图 14a）。2000~2022 年，三北防护林区植被水源涵养量发生了明显变化，约 65% 区域的植被水土保持量呈现升高趋势。其中，内蒙古高原东部、黄土高原东部、燕山和太行山脉等区域的植被水源涵养量升高趋势显著，增加速率超过 0.5 mm yr⁻¹（P< 0.01）。但是，新疆北部和东部区域植被水

源涵养有下降趋势，尤其是准噶尔盆地、塔里木盆地南缘、内蒙古高原西部，植被水源涵养量呈现显著下降趋势，下降速率超过 0.5 mm yr^{-1}（P< 0.01）（见图 14b & 图 15a）。

总体上，2000~2022 年，三北防护林区植被水源涵养量平均的增加速率为 0.07 mm yr^{-1}（R^2=0.12），远远低于全国平均的植被水源涵养量增加速率 0.12 mm yr^{-1}（见图 15b）。

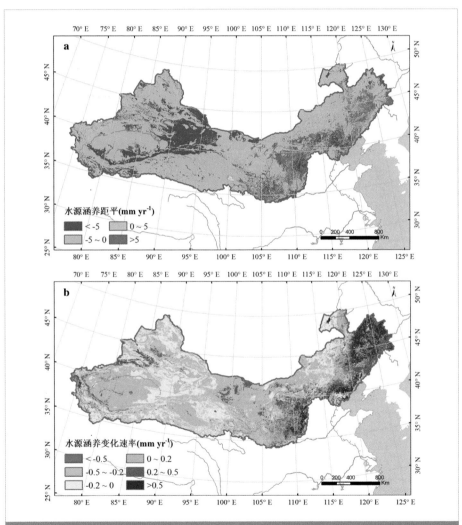

图 14　2022 年三北防护林区植被水源涵养距平 (a) 和 2000~2022 年三北防护林区植被水源涵养变化速率 (b)

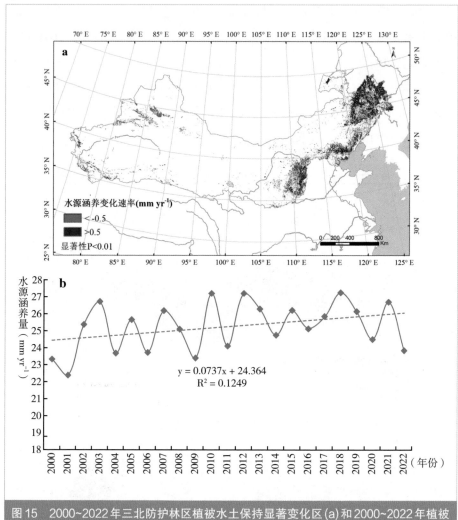

图15　2000~2022年三北防护林区植被水土保持显著变化区(a)和2000~2022年植被水土保持总体变化趋势 (b)

六　气候变化对三北防护林区植被生态质量的影响

（一）三北防护林区气候变化趋势

三北防护林区大部分位于半湿润、半干旱和干旱的大陆性季风气候区。

2000~2022年，三北防护林的平均年降水量为265.4mm，远远低于全国平均年降水量628mm。三北防护林区年降水量的空间差异较为明显，年降水量呈周边相对较高、中西部相对较低的空间分布格局；东部、东南部，以及天山区域的年降水量超过400mm。塔里木盆地、柴达木盆地，以及内蒙古高原西部的平均年降水量小于100mm（见图16a）。

2000~2022年，三北防护林区年平均气温为5.5℃。气温受地形影响比较显著。处于青藏高原边缘的昆仑山、祁连山，以及天山、阿尔泰山的年平均气温相对较低，2000~2022年平均气温小于0℃。塔里木盆地和东南部个别区域的年平均气温相对较高，大于10℃（见图16b）。

三北防护林区气候变暖较为显著。2000~2022年，气候出现明显的增暖趋势，平均气温增加速率达0.03 ℃ yr^{-1}，超过全球平均增温速率（0.02 ℃ yr^{-1}）（见图17a）。从增温区域分布看，三北防护林区85%区域的气温呈现增加趋势。其中，三北防护林区中部和北部增温速率较大，一般超过0.02 ℃ yr^{-1}。但是，三北防护林区西部和东部个别区域（塔里木盆地核心区、天山东麓、内蒙古高原东端）气温呈弱降低趋势（见图17b）。

三北防护林区气候呈暖湿化趋势。2000~2022年，三北防护林区平均年降水量增加速率约4.8 mm yr^{-1}（见图18a），略低于全国平均年降水量增加速率5.4 mm yr^{-1}。尽管三北防护林区降水量增加速率低于全国平均速率，但是在严重缺水情况下，降水量增加的生态效应较为明显。从降水量增加区域分布看，三北防护林区约70%区域的年降水量呈现增加趋势，尤其是中东部、东南部和西南部地区的年降水量增加速率较大，中西部年降水量增加速率较小。一些区域（准噶尔盆地、柴达木盆地，以及内蒙古高原西部）出现年降水量减少趋势（见图18b）。

（二）影响三北防护林区植被的主要气候因子

气候变化是影响三北防护林区植被动态的重要因素。2000~2022年，三北防护林区平均年降水量为265.4mm，大部分地区的年降水量不足400mm，无法支撑森林植被。降水分布格局决定了该区域森林、草地、荒漠的空间分

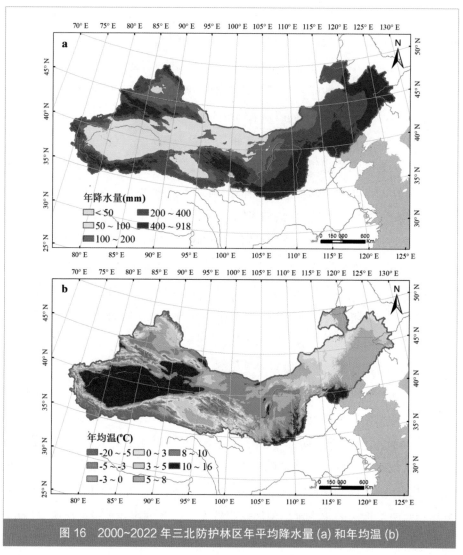

图16　2000~2022年三北防护林区年平均降水量(a)和年均温(b)

布和植被生态质量。

　　三北防护林区植被生态质量受多种气候因子的综合作用。植被生态质量与年降水量、日照时数、太阳辐射均呈显著相关关系，与年降水量、日照时数和太阳辐射的相关系数（皮尔逊相关）分别为0.483（$P<0.001$）、−0.459

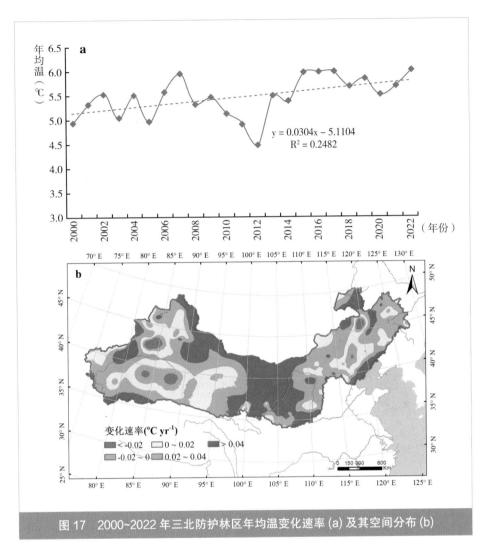

图 17　2000~2022 年三北防护林区年均温变化速率 (a) 及其空间分布 (b)

（$P<0.001$）和 -0.494（$P<0.001$）（见表 1）。因此年降水量、日照时数和太阳辐射是影响三北防护林区植被生态质量的主要气候因子。三北防护林区植被生态质量与年均温的相关系数（皮尔逊相关）为 -0.077（$P > 0.01$），表明气候变暖不利于该地区植被生态质量提升，但是气候变暖对三北防护林区植被生态质量的影响并不显著。

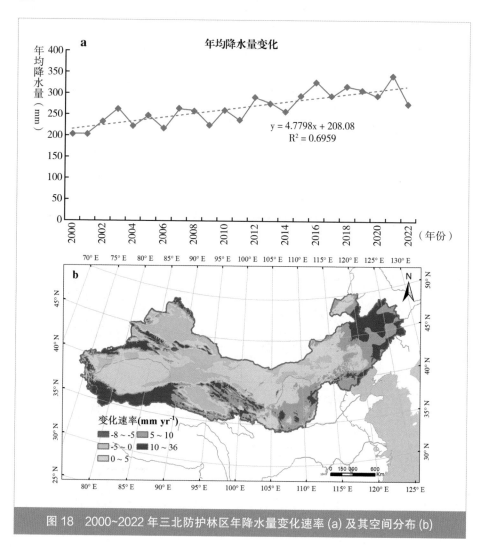

图 18 2000~2022 年三北防护林区年降水量变化速率 (a) 及其空间分布 (b)

　　植被生态质量与日照时数、太阳辐射和年均温度都呈负相关关系，表明日照时数降低、太阳辐射降低和温度降低都有利于三北防护林区植被生态质量的改善（见表 1）。

表 1　植被生态质量与气候因子之间的相关性

生态质量	皮尔逊相关		斯皮尔曼相关		肯德尔等级相关	
	样本数 409 个					
	相关系数	显著性（双侧）	相关系数	显著性（双侧）	相关系数	显著性（双侧）
年均温	−0.077	0.118	−0.359**	< 0.001	−0.248**	< 0.001
年降水量	0.483**	< 0.001	0.624**	< 0.001	0.465**	< 0.001
日照时数	−0.459**	< 0.001	−0.464**	< 0.001	−0.33**	< 0.001
太阳辐射	−0.494**	< 0.001	−0.602**	< 0.001	−0.425**	< 0.001
(2m) 风速	−0.054	0.278	0.068	0.168	0.045	0.176

（三）三北防护林区植被生态质量变化的气象贡献率

三北防护林区植被生态质量的改善受制于气候变化。气候变化对植被生态质量的影响错综复杂。植被生态质量与年降水量呈正相关关系，与日照时数、太阳辐射和年均温度都呈负相关关系。这些气候因子的变化方向和变化速率也存在空间差异。同时，三北防护林区植被生态质量的改善还受制于人类活动，尤其是有目的的保护措施影响。

2000~2022 年，三北防护林区植被生态质量变化的气象贡献率为 17.6%，表明三北防护林区气候变化总体有利于植被生态质量改善。从空间分布看，三北防护林区大部分区域的植被生态质量变化气象贡献率表现为正贡献，其中中度正贡献分布面积最广。在黄土高原东部和内蒙古高原东部的一些区域，出现高度正贡献。但是，在中西部地区的部分区域，植被生态质量变化的气象贡献率呈中度负贡献（见图 19）。

七　人类活动对三北防护林区植被生态质量的影响

（一）土地利用变化的影响

尽管三北防护林区人口较为稀少，但是矿产和土地资源丰富，人类活动引起了大面积的土地利用变化。尤其是，三北防护林区的农牧交错带存在过

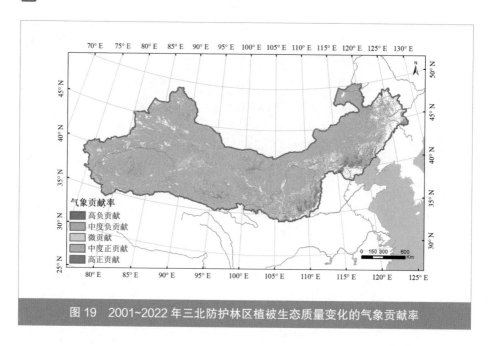

图 19   2001~2022 年三北防护林区植被生态质量变化的气象贡献率

牧、滥垦开荒、开垦后土壤肥力和水分耗尽的撂荒现象，以及国家组织的植树造林、退耕还林还草等，显著改变了三北防护林区土地的利用类型（杨阳等，2015），对植被生态质量产生了非常显著的影响。

2000~2020 年土地利用类型叠加分析显示：三北防护林区约 24.6% 的土地利用类型发生改变。草地是防护林工程区主要植被类型，草地变为其他土地利用类型的面积为 40.6501 万平方公里，其他土地利用变为草地的面积约 40.7088 万平方公里，草地面积净增加约 587 平方公里。尽管该地区植树造林增加了森林面积，但是一些造林区不适合森林长期生长，出现了森林退化现象（吴东旭，2020）。森林变为其他土地利用类型的面积为 10.5327 万平方公里，其他土地利用变为森林的面积为 10.4022 万平方公里，森林面积净减少约 1305 平方公里（见表 2）。

2000~2020 年，三北防护林区退耕还林还草措施并未有效遏制开荒活动，农田面积仍呈现增加趋势。农田变为其他土地利用类型的面积为 18.0122 万平方公里，其他土地利用类型变为农田的面积为 19.7904 万平方公里，农田面积净增加约 1.7782 万平方公里。与其他自然植被类型相比，农田在人类施肥、灌溉等管理措施影响下具有较高的覆盖度和净初级生产力，从而促进了三北防护林区植被生态质量的提高。

2000~2020 年，三北防护林区城乡建设用地（聚落）大面积扩张。城乡建设用地变为其他土地利用类型的面积为 3.2456 万平方公里，其他土地利用变为城乡建设用地的面积为 5.6979 万平方公里，城乡建设用地面积净增加 2.4523 万平方公里（见表 2）。三北防护林区湿地变为其他土地利用类型的面积为 3.9063 万平方公里，其他土地利用变为湿地的面积约 3.6006 万平方公里，湿地面积净减少 3057 平方公里。城乡建设用地大面积扩张和湿地面积减少是导致三北防护林区植被生态质量下降的主要人为因素。

表 2　2000~2020 年三北防护林区土地利用类型转移矩阵

单位：平方公里

| | | 2020 年 | | | | | | | |
		农田	森林	草地	水体	荒漠	聚落	湿地	合计
2000 年	农田		29847	95302	4822	9133	35187	5831	180122
	森林	28371		64583	1341	6294	2944	1794	105327
	草地	111993	63848		7505	194800	11578	16777	406501
	水体	4193	1010	11707		22450	1052	2742	43154
	荒漠	21427	6029	214425	10694		5079	8394	266048
	聚落	22411	1665	5591	1187	1134		468	32456
	湿地	9509	1623	15480	3941	7371	1139		39063
	合计	197904	104022	407088	29490	241182	56979	36006	

（二）生态工程的影响

自 1978 年开始，三北防护林区开展了一系列生态工程建设。第一阶段为 1978~2000 年，进行了一期、二期、三期工程建设；第二阶段为 2001~2020 年，进行了四期和五期工程建设。目前正在进行第三阶段（2021~2050 年）的工程建设（朱教君、郑晓，2019）。此外，三北防护林区还涉及退耕还林还草

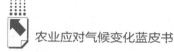

工程、天然林保护工程、京津冀风沙工程、蚂蚁森林工程等重大生态工程。

这些生态工程建设采用了多种生态保护和生态恢复措施，包括人工造林、飞机播种造林、封山封沙育林育草，营造农田防护林、牧场防护林、防风固沙林、水土保持林、薪炭林和经济林等。营造乔、灌、草植物相结合，林带、林网、片林相结合，多种林、多种树合理配置，建立了农、林、牧协调发展的防护林生态安全体系（朱金兆等，2004）。

三北防护林区一系列生态工程的实施取得了显著成效，推动了植被生态质量的提升。在三北防护林工程第二阶段（2001~2020 年），森林面积占比提升到了 10.18%，平均植被覆盖度和平均植被净初级生产力分别增加 3.77% 和 82.33 g C m^{-2}a^{-1}，增长率分别为 24.5% 和 34.96%，生态系统质量持续转好的面积占比达 20.15%（纪平等，2022）。

B.4
青藏高原生态屏障区植被生态质量及其归因分析

摘　要： 青藏高原生态屏障区2000~2022年植被生态质量平均值为73.7 g C m^{-2} yr^{-1}，增加速率为3.7 g C m^{-2} yr^{-1}，呈东南向西北减少趋势。植被NPP为256.4 g C m^{-2}yr^{-1}，增加速率为1.43 g C m^{-2}yr^{-1}，约72%区域的植被NPP呈增加趋势；植被覆盖度为0.153，增加速率为0.0008 yr^{-1}，均低于全国水平。植被水土保持量为101.4 t ha^{-1}yr^{-1}，稍低于全国平均值，约59%区域的植被水土保持量呈减小趋势，减小速率为0.36 t ha^{-1}yr^{-1}；水源涵养量为21.1 mm yr^{-1}，约50%区域的植被水源涵养量呈减小趋势，减小速率为0.02 mm yr^{-1}。青藏高原生态屏障区气候暖湿化趋势明显，植被生态质量与年均温、年降水量呈显著正相关关系，与日照时数、太阳辐射、风速呈显著负相关关系，植被生态质量变化的气象贡献率为8%。

关键词： 植被生态质量　气候暖湿化　气象贡献率　生态工程　青藏高原生态屏障区

一　青藏高原生态屏障区植被生态质量的时空演变

（一）空间分布

青藏高原生态屏障区植被生态质量（不含农田）存在显著的空间分异，与东南季风的空间分布格局基本一致，呈自东南向西北逐渐降低趋势。2000~2022年，青藏高原生态屏障区的植被生态质量平均为73.69 g C m^{-2} yr^{-1}，其中 2000 年和 2022 年青藏高原生态屏障区的植被生态质量平均分别为 65.76 g C m^{-2} yr^{-1} 和 78.37 g C m^{-2} yr^{-1}，其中东南部区域的植被生态质量相对较高，为 300~1005 g C m^{-2} yr^{-1}。按照工程区划分，2022 年若尔盖草原湿地—甘南黄河重要水源补给生态保护和修复工程区植被生态质量最好，平均为 430 g C m^{-2} yr^{-1}，其次为藏东南高原生态保护和修复工程区和西藏"两江四河"造林绿化与综合整治工程区，植被生态质量平均分别为 181 g C m^{-2} yr^{-1} 和 120 g C m^{-2} yr^{-1}；西部和西北部区域的植被生态质量相对较低，存在大范围小于 30 g C m^{-2} yr^{-1} 的区域（见图 1）。

（二）时间动态

2000 年以来，青藏高原生态屏障区植被生态质量总体持续改善，呈稳中向好趋势。2022 年青藏高原生态屏障区植被生态质量总体偏好，约 86% 区域的植被生态质量高于多年平均值，但是在藏西北羌塘高原—阿尔金草原荒漠生态保护和修复工程区南部的一些区域，植被生态质量相对较差，低于多年平均值（见图 2a）。2000~2022 年，青藏高原生态屏障区约 78% 区域的植被生态质量呈现显著增加趋势，其中青藏高原生态屏障区的北部大部分区域植被生态质量呈增加趋势，尤其是在若尔盖和三江源区域；然而，西藏"两江四河"造林绿化与综合整治工程区，以及藏西北羌塘高原—阿尔金草原荒漠生态保护和修复工程区和三江源生态保护与修复工程区的东南部的植被生态质量呈减少趋势（见图 2b）。

2000~2022 年，青藏高原生态屏障区平均植被生态质量变化速率为 3.7 g C m^{-2} yr^{-1}，其中约 10% 区域的植被生态质量变化速率小于零，主要分布于雅江中下游的错那市东部，约 71% 区域的植被生态质量增加速率在 0~5 g C m^{-2} yr^{-1}（见图 3a）。植被生态质量增加速率大于 5 g C m^{-2} yr^{-1} 的显著变化区主要分布在青藏高原生态屏障区的东南区域，分布范围较小，约占总区域面积的 19%（见图 3b）。青藏高原生态屏障区的东南区域植被生态质量增加速率一般为 5~105 g C m^{-2} yr^{-1}，包括若尔盖草原湿地—甘南黄河重要水源补给生态保护和修复工程区、祁连山生态保护和修复工程区和三江源生态保护与修复工程区东

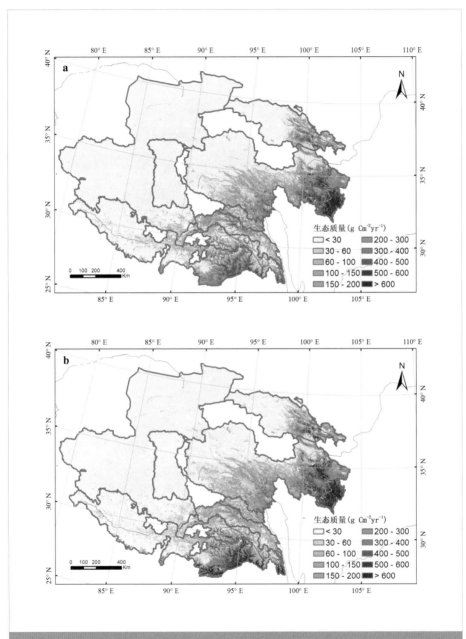

图1 2000年(a)和2022年(b)青藏高原生态屏障区植被生态质量(农田除外)分布

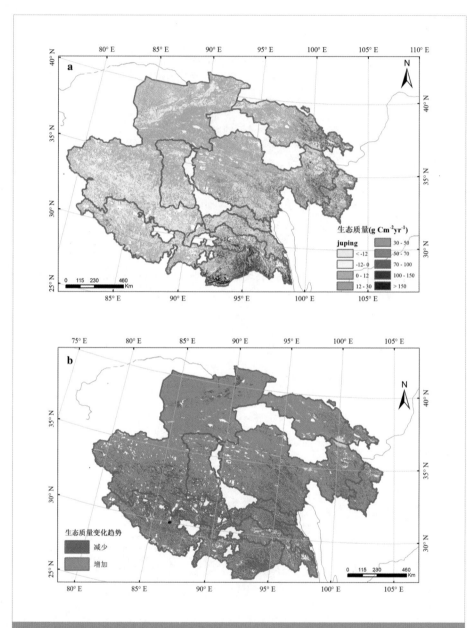

图 2 2022 年青藏高原生态屏障区植被生态质量距平 (a) 和 2000~2022 年青藏高原
生态屏障区植被生态质量变化趋势 (b)

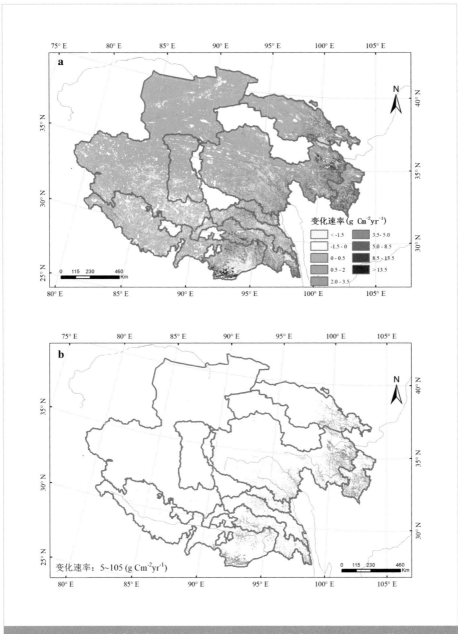

图 3　2000~2022 年青藏高原生态屏障区植被生态质量变化速率 (a) 和显著增加区 (b)

部，以及雅江下游等地区。总体而言，青藏高原生态屏障区东南部的植被生态质量增加速率较为显著，特别是三江源东部和黄河上游区域的植被生态质量明显高于西部地区。

2000~2022 年，青藏高原生态屏障区重点工程区的植被生态质量平均变化速率都呈增加趋势，但是增加速率相对较小（见图 4a）。其中，若尔盖草原湿地—甘南黄河重要水源补给生态保护和修复工程区和藏东南高原生态保护和修复工程区的植被生态质量较高，且增加速率相对较大，分别为 2.41 g C m^{-2} yr^{-1} 和 1.14 g C m^{-2} yr^{-1}；藏西北羌塘高原—阿尔金草原荒漠生态保护和修复工程区的植被生态质量增加速率相对最小，仅为 0.05 g C m^{-2}yr^{-1}（见图 4b）。

二　青藏高原生态屏障区植被净初级生产力的时空演变

（一）空间分布

2000~2022 年，青藏高原生态屏障区植被净初级生产力（NPP）平均为 256.4 g C m^{-2}yr^{-1}，低于全国平均的植被 NPP 662.5g C m^{-2}yr^{-1}。2000 年和 2022 年青藏高原生态屏障区的植被 NPP 空间分布格局基本一致，均呈东南部高、西北部低的空间分布格局。东部（若尔盖草原湿地—甘南黄河重要水源补给生态保护和修复工程区、祁连山东部、三江源生态保护与修复工程区东部），以及南部的"两江四河"造林绿化与综合整治工程区东部、藏东南东部等地区的植被 NPP 相对较高，一般大于 200 g C m^{-2}yr^{-1}，部分区域的植被 NPP 大于 700 g C m^{-2}yr^{-1}。藏西北羌塘高原—阿尔金草原荒漠生态保护和修复工程区、三江源西部、青海西部等西北西区，荒漠分布范围大，存在大面积植被稀疏区和无植被覆盖度区，植被 NPP 相对较低，一般小于 100 g C m^{-2}yr^{-1}（见图 5）。

（二）时间动态

青藏高原生态屏障区植被 NPP 年际变化显著。2022 年，青藏高原生态屏障区植被 NPP 总体偏差，约 51.67% 区域的植被 NPP 低于多年平均值，尤其是三江源东南部、藏东南高原生态保护和修复工程区的东南部区域植被 NPP

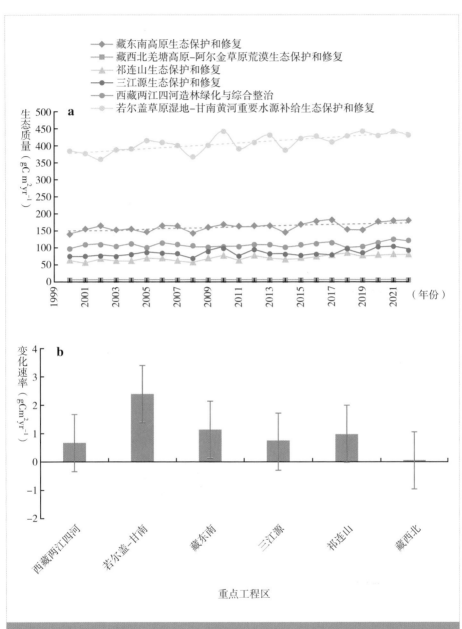

图 4　2000~2022 年青藏高原生态屏障区重点工程区的植被生态质量变化 (a)
和平均变化速率 (b)

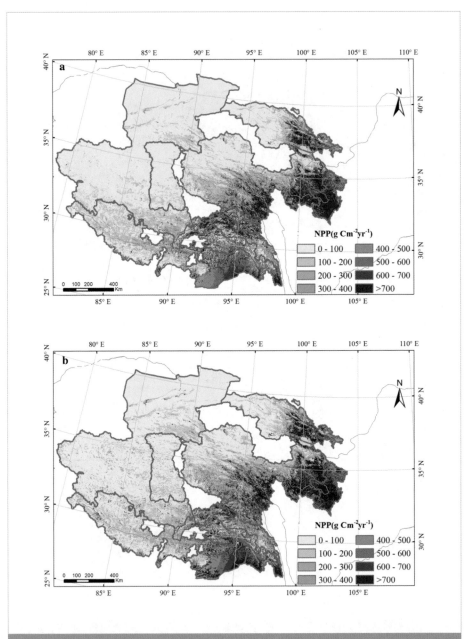

图 5　2000 年 (a) 和 2022 年 (b) 青藏高原生态屏障区植被 NPP 分布

低于多年平均值 100 g C m^{-2}yr^{-1}，"两江四河"造林绿化和综合整治工程区的东南部植被 NPP 高于多年平均值 100 g C m^{-2}yr^{-1}（见图 6a）。2000~2022 年，青藏高原生态屏障区植被 NPP 变化速率区域平均约为 1.43 g C m^{-2}yr^{-1}，约 72%区域的植被 NPP 呈现升高趋势（见图 6b）。其中，甘肃南部、三江源生态保护与修复工程区东南部个别区域的植被 NPP 升高趋势显著，上升速率超过 15 g C m^{-2}yr^{-1}（P<0.01）。青藏高原生态屏障区南部，尤其是雅江下游、怒江上游等少数区域的植被 NPP 呈下降趋势，下降速率超过 10 g C m^{-2}yr^{-1}（见图 6b & 图 7a）。

总体上，2000~2022 年，青藏高原生态屏障区植被 NPP 由 2000 年的 238.06 g C m^{-2}yr^{-1} 增加到 2022 年的 263.40 g C m^{-2}yr^{-1}，增加幅度达 10.64%，平均增加速率为 1.45 g C m^{-2}yr^{-1}（R^2=0.508）（见图 7b），低于全国平均的植被 NPP 增加速率 2.7g C m^{-2}yr^{-1}。

三 青藏高原生态屏障区植被覆盖度的时空演变

（一）空间分布

2000~2022 年，青藏高原生态屏障区的植被覆盖度平均为 0.153，低于全国平均的植被覆盖度 0.475。2000 年和 2022 年青藏高原生态屏障区植被覆盖度空间差异性非常显著，与植被 NPP 分布格局类似，呈东南部高、西北部低的空间分布格局。东部和东南部植被覆盖度相对较高，其中祁连山东部、若尔盖草原湿地—甘南黄河重要水源补给生态保护和修复工程区、三江源东部、怒江上游区域等植被覆盖度一般为 0.2~0.7，雅江下游东南部分区域的植被覆盖度超过 0.7。藏西北羌塘高原—阿尔金草原荒漠生态保护和修复工程区、三江源西部区域、雅江上游区域、祁连山西部等区域，由于荒漠广布，存在大面积植被稀疏区和无植被覆盖度区，植被覆盖度一般小于 0.1（见图 8）。

（二）时间动态

青藏高原生态屏障区植被覆盖度年际变化较为显著。2022 年，青藏高原生态屏障区植被覆盖度总体偏好，约 62%区域的植被覆盖度高于多年平均值。

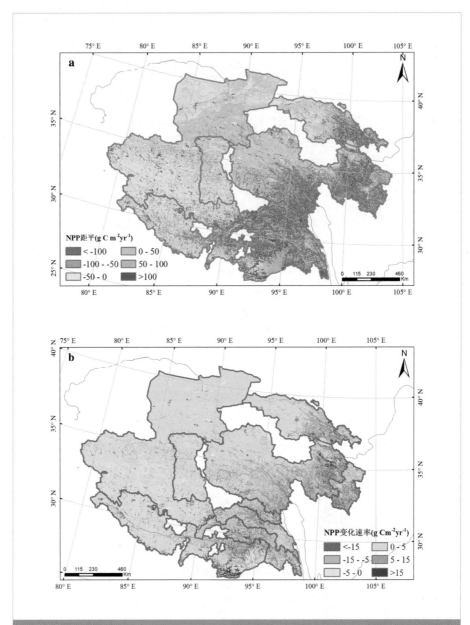

图6 2022年青藏高原生态屏障区植被 NPP 距平 (a) 和 2000~2022 年青藏高原
生态屏障区植被 NPP 变化速率 (b)

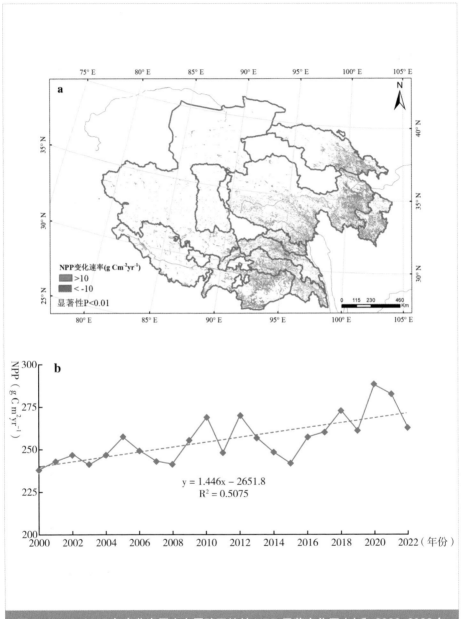

图 7 2000~2022 年青藏高原生态屏障区植被 NPP 显著变化区 (a) 和 2000~2022 年植被 NPP 总体变化趋势 (b)

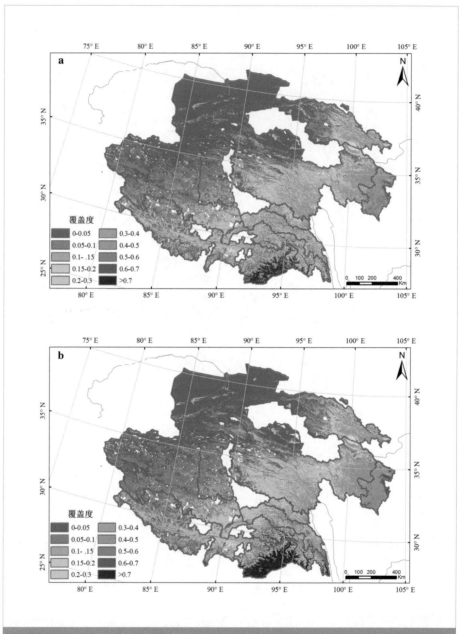

图 8　2000 年 (a) 和 2022 年 (b) 青藏高原生态屏障区植被覆盖度分布

藏西北羌塘地区、雅江上游地区、三江源中部地区和若尔盖草原湿地—甘南黄河重要水源补给生态保护和修复工程区东部的小部分区域，植被覆盖度低于多年平均值（见图9a）。2000~2022年，青藏高原生态屏障区植被覆盖度持续升高，约89%区域的植被覆盖度呈现升高趋势。其中，青藏高原生态屏障区的西北部和东部大部分区域的植被覆盖度上升速率超过0.001 yr⁻¹，尤其是祁连山生态保护和修复工程区、若尔盖草原湿地—甘南黄河重要水源补给生态保护和修复工程区和三江源中部等区域植被覆盖度上升速率超过0.02 yr⁻¹（P<0.01）（见图9b和图10a）。

总体上，2000~2022年，青藏高原生态屏障区植被覆盖度由2000年的0.15增加到2022年的0.16，增加幅度达6.67%，平均增加速率为0.0008 yr⁻¹（R²=0.588）（见图10b），低于全国平均的植被覆盖度增加速率0.0035 yr⁻¹。

四　青藏高原生态屏障区水土保持的时空演变

（一）空间分布

2000~2022年，青藏高原生态屏障区植被水土保持量平均为101.4 t ha⁻¹yr⁻¹，稍低于全国平均的植被水土保持量108 t ha⁻¹yr⁻¹。2000年和2022年青藏高原生态屏障区植被水土保持量空间分布基本一致，东南部水土保持量较高，其中雅江中下游地区、藏东南高原生态保护和修复工程区、怒江下游地区、三江源南部等地区植被水土保持量相对较高，一般大于200 t ha⁻¹yr⁻¹；北部和中西部的部分区域荒漠分布较多，植被水土保持量较低，其中阿尔金地区北部、藏西北羌塘地区中部、三江源地区北部等存在大面积植被稀疏区和无植被覆盖度区，植被水土保持量一般小于20 t ha⁻¹yr⁻¹（见图11）。

（二）时间动态

青藏高原生态屏障区植被水土保持的年际变化较为显著。2022年，青藏高原生态屏障区植被水土保持量小于多年平均值，约15%区域的植被水土保持量高于多年平均值，约85%区域的植被水土保持量低于多年平均值。其中，

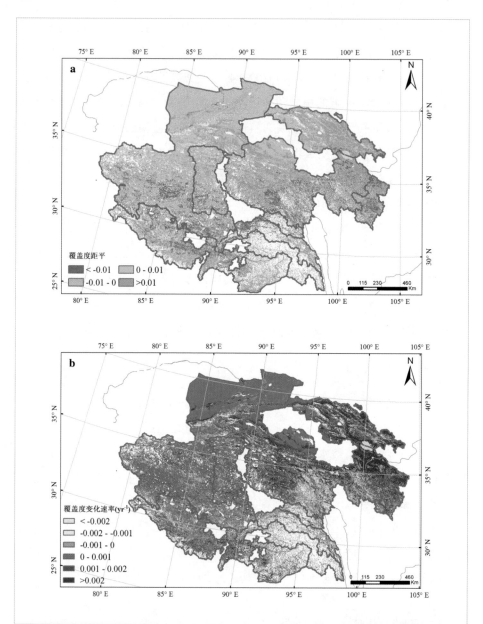

图 9　2022 年青藏高原生态屏障区植被覆盖度距平 (a) 和 2000~2022 年青藏高原
生态屏障区植被覆盖度变化速率 (b)

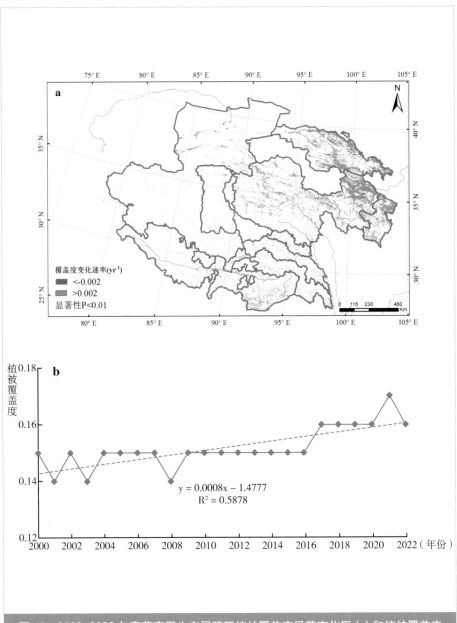

图 10 2000~2022 年青藏高原生态屏障区植被覆盖度显著变化区 (a) 和植被覆盖度总体变化趋势 (b)

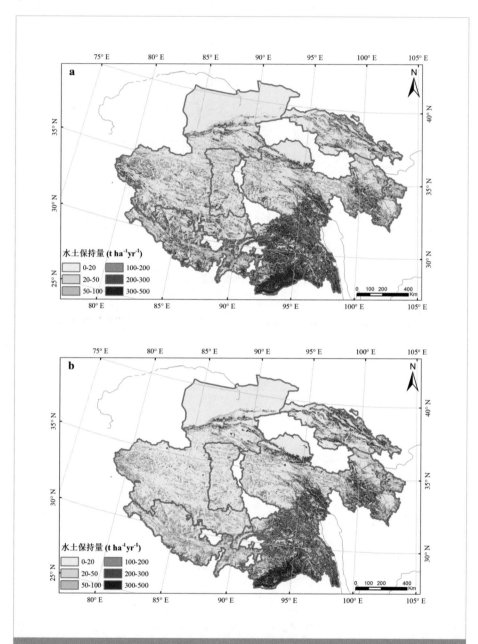

图 11　2000 年 (a) 和 2022 年 (b) 青藏高原生态屏障区植被水土保持分布

雅江中下游地区、藏西北羌塘地区、阿尔金地区的西北部、三江源地区的西部、若尔盖草原湿地—甘南黄河重要水源补给生态保护和修复工程区显著低于多年平均值（见图13a）。2000~2022年，青藏高原生态屏障区植被水土保持量发生明显变化，约59%区域的植被水土保持量呈现减小趋势。其中，藏东南高原生态保护和修复工程区、怒江下游地区、雅江中上游地区、藏西北羌塘地区的西部、三江源西部和中部小部分区域的植被水土保持量降低趋势最为显著，下降速率超过2 t ha^{-1}yr^{-1}。但是，青藏高原生态屏障区的东北部区域植被水土保持量呈增加趋势，尤其是三江源生态保护和修复工程区的东部、若尔盖草原湿地和甘南地区、祁连山小部分区域的植被水土保持量呈现显著增加趋势，增加速率一般超过2 t ha^{-1}yr^{-1}（见图12b和图13a）。

总体上，2000~2022年，青藏高原生态屏障区植被水土保持量由2000年的96.65 t ha^{-1}yr^{-1}减小到2022年的81.81 t ha^{-1}yr^{-1}，减小幅度达15.35%，平均减小速率为0.36 t ha^{-1}yr^{-1}（见图13b）。

五 青藏高原生态屏障区水源涵养的时空演变

（一）空间分布

2000~2022年，青藏高原生态屏障区水源涵养量平均为21.1 mm yr^{-1}，明显低于全国平均的植被水源涵养量47 mm yr^{-1}。2000年和2022年青藏高原生态屏障区的水源涵养量空间分布格局基本一致，呈东南部和东北部高、西部和西北部低的空间分布格局（见图14）。雅江下游地区、萨嘎县、班戈县、尼玛县等小部分区域的植被水源涵养量较大，一般在50~150 mm yr^{-1}。阿尔金地区西部、藏西北羌塘地区、唐古拉山地区、三江源中部等大部分地区的水源涵养量较低，一般在0~20 mm yr^{-1}。

（二）时间动态

2022年青藏高原生态屏障区植被水源涵养量较多年平均值偏低，约36%区域的植被水源涵养量高于多年平均值，约64%区域的植被水源涵养量低

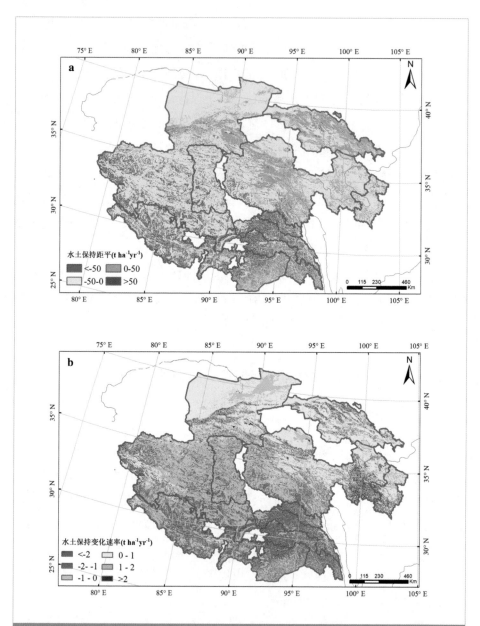

图 12　2022 年青藏高原生态屏障区植被水土保持距平 (a) 和 2000~2022 年青藏高原
生态屏障区植被水土保持变化速率 (b)

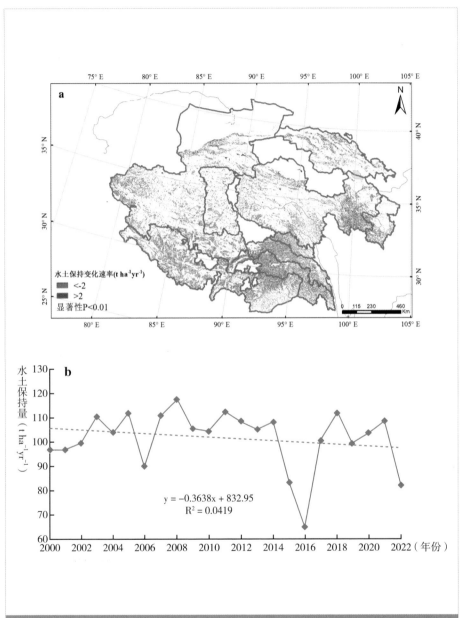

图 13　2000~2022 年青藏高原生态屏障区植被水土保持显著变化区 (a) 和植被水土保持总体变化趋势 (b)

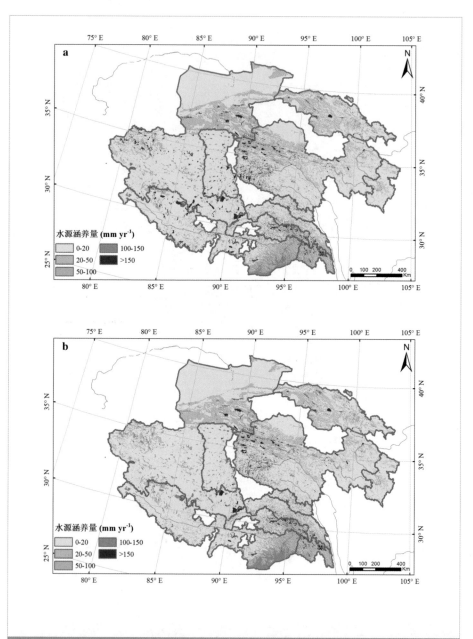

图 14　2000 年 (a) 和 2022 年 (b) 青藏高原生态屏障区植被水源涵养分布

于多年平均值。其中，2022 年雅江下游地区、唐古拉山地区、藏西北羌塘地区中部和东部等区域的植被水源涵养量显著高于多年平均值（见图 15a）。2000~2022 年，青藏高原生态屏障区植被水源涵养量变化不显著，约 50% 区域的植被水源涵养量呈现升高趋势。其中，若尔盖草原湿地—甘南黄河重要水源补给生态保护和修复工程区南部区域的植被水源涵养量升高趋势显著，增加速率超过 0.5 mm yr^{-1}（P< 0.01）。但是，青藏高原生态屏障区中西部和南部区域的植被水源涵养有下降趋势，尤其是雅江下游地区、藏东南高原生态保护和修复工程区南部、三江源格尔木地区、申扎县和班戈县小部分区域等植被水源涵养量呈现显著下降趋势，下降速率超过 0.5 mm yr^{-1}（P< 0.01）（见图 15b & 图 16a）。

总体上，2000~2022 年青藏高原生态屏障区植被水源涵养的年际波动明显，最大波动幅度达 4.40 mm yr^{-1}，青藏高原生态屏障区植被水源涵养量平均减小速率为 0.02 mm yr^{-1}（R^2=0.01）（见图 16b）。

六　气候变化对青藏高原生态屏障区植被生态质量的影响

（一）青藏高原生态屏障区气候变化趋势

青藏高原是全球海拔最高的独特自然地理单元，独特复杂的生态环境形成了复杂的高原植被生态类型，在我国国防安全建设、气候系统稳定、生物多样性保护、生态系统安全等方面具有重要的屏障作用。过去 50 年来，作为世界第三极的青藏高原最突出的环境问题是剧烈的气候变暖及其所引起的生态环境格局的重大变化。青藏高原是全球气候变暖最强烈的地区之一，其变暖幅度是同期全球其他地区平均值的 2 倍，达到 0.3℃ ~0.4℃ 10 yr^{-1}（陈德亮等，2015），降水增加 2.2% 10 yr^{-1}（Yao et al., 2012）。

2000~2022 年，青藏高原生态屏障区气温呈增加趋势，平均增加速率为 0.04 ℃ yr^{-1}。青藏高原生态屏障区平均气温较低，2000~2015 年平均气温低于 0 ℃。但是，2016 年和 2018 年的平均气温分别达 0.93℃ 和 0.88℃（见图

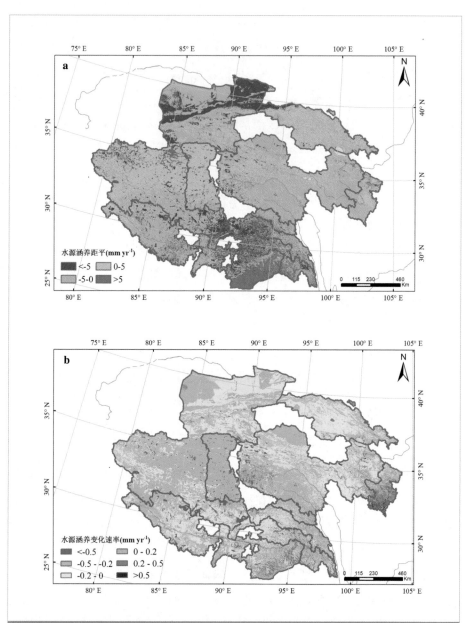

图 15　2022 年青藏高原生态屏障区植被水源涵养距平 (a) 和 2000~2022 年青藏高原
生态屏障区植被水源涵养变化速率 (b)

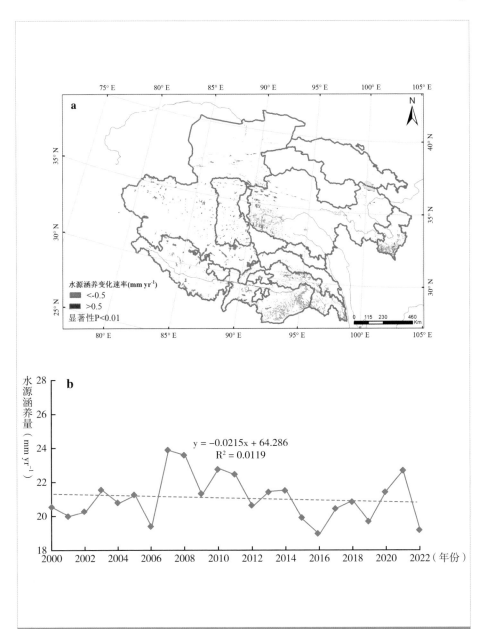

图 16 2000~2022 年青藏高原生态屏障区水源涵养显著变化区 (a) 和水源涵养总体
变化趋势 (b)

17a）。在空间分布上，青藏高原生态屏障区约91%区域的年均气温呈明显增加趋势，增加速率为0~0.06 ℃ yr⁻¹，其中约75%区域的年均气温增加速率超过全球平均增温速率（0.02 ℃ yr⁻¹），尤其在藏西北羌塘高原区的中西部区域，年均气温增加速率最大，达到0.06 ℃ yr⁻¹（见图17b）。

2000~2022年，青藏高原生态屏障区多年平均降水量为406 mm，平均年降水增加速率为5.8 mm yr⁻¹（见图17c），约为1961~2021年中国平均年降水量增加速率（5.5 mm 10 yr⁻¹）的10倍。在空间分布上，青藏高原生态屏障区约87%区域的年降水量呈明显增加趋势，增加速率为0~32 mm yr⁻¹（见图17d），其中年降水量增加速率大于15 mm yr⁻¹的区域主要在藏西北羌塘高原—阿尔金草原荒漠生态保护和修复工程区的中部，降水量变化速率小于−4 mm yr⁻¹的区域主要分布在雅江中下游的南部。

2000~2022年，青藏高原生态屏障区平均风速呈增加趋势，平均风速为2.86 m s⁻¹，平均风速增加速率为0.09 m s⁻¹ 10 yr⁻¹（见图17e）。在空间分布上，青藏高原生态屏障区约73%区域的平均风速呈明显增加趋势，增加速率为0~0.08 m s⁻¹ yr⁻¹（见图17f），其中风速增加速率大于0.02 m s⁻¹ yr⁻¹的区域主要在青藏高原生态屏障区的西部，而风速呈减小趋势的区域主要位于生态屏障区的东部（祁连山生态保护和修复工程区大部分、三江源生态保护和修复工程区东部和阿尔金草原荒漠生态保护和修复工程区的东部）。

2000~2022年，青藏高原生态屏障区太阳辐射和日照时数呈波动变化，减小趋势不显著，平均太阳辐射和平均日照时数分别为3073 MJ m⁻²（见图17g）和7.54 h（见图17i）。在空间分布上，青藏高原生态屏障区的太阳辐射和日照时数分别约有67%（见图17h）和65%（见图17j）的区域呈减小趋势，太阳辐射和日照时数呈减小趋势的区域主要位于三江源生态保护和修复工程区中东部和雅江下游，太阳辐射增加速率大于14 MJ m⁻² yr⁻¹的区域主要在雅江中游和三江源与祁连山交界处。

（二）影响青藏高原生态屏障区植被的主要气候因子

气候变化是影响植被的重要因素。青藏高原生态屏障区植被生态质量与

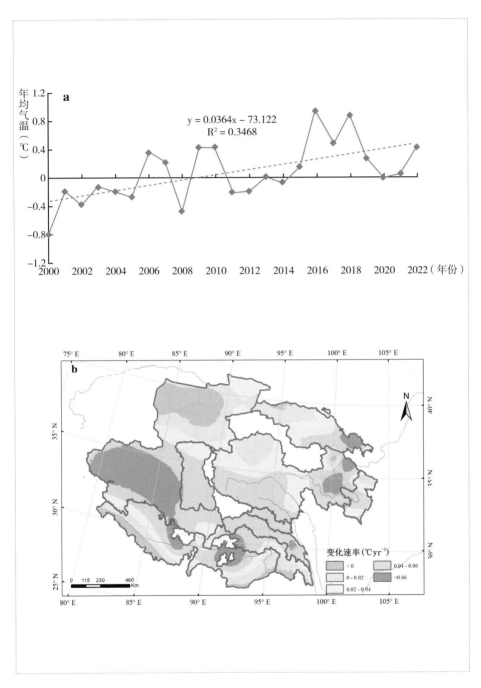

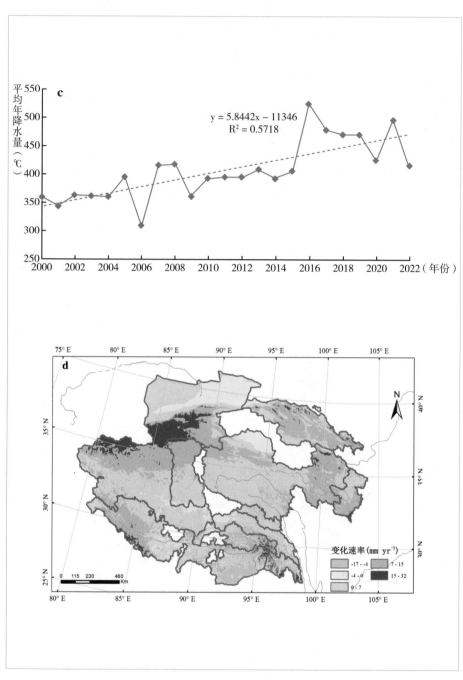

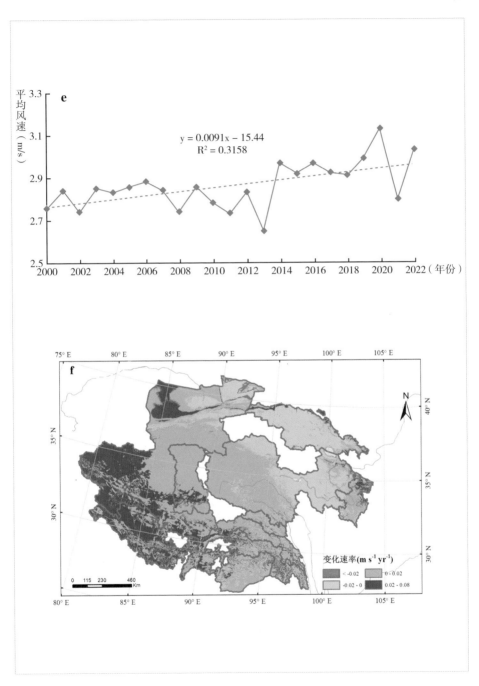

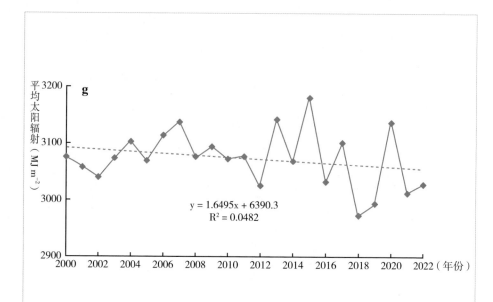

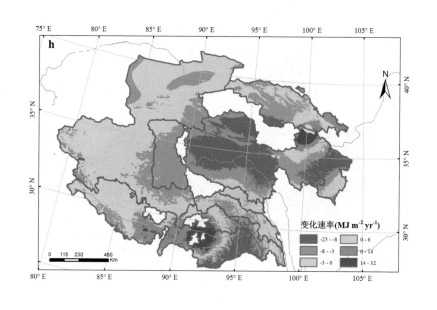

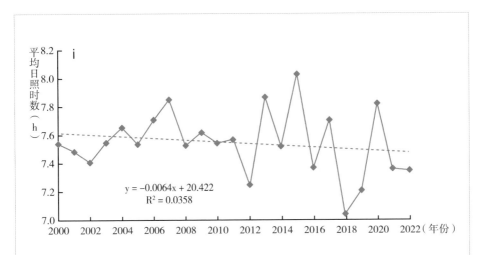

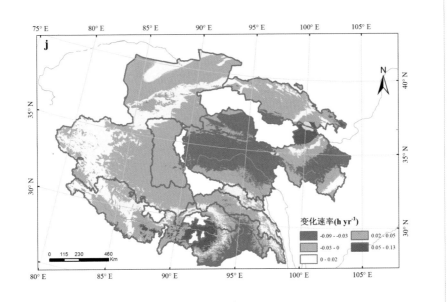

图 17　2000~2022 年青藏高原生态屏障区主要气候因子随时间的变化及其变化速率的空间分布

注：（a）年均气温随时间的变化；（b）年均气温变化速率的空间分布；（c）年均降水量随时间的变化；（d）年均降水量变化速率的空间分布；（e）年均风速随时间的变化；（f）年均风速变化速率的空间分布；（g）年均太阳辐射随时间的变化；（h）年均太阳辐射变化速率的空间分布；（i）年均日照时数随时间的变化；（j）年均日照时数变化速率的空间分布。

年均温、年降水量、日照时数、太阳辐射、风速等气候因子均呈显著相关关系（见表1）。其中，植被生态质量与年均温、年降水量呈显著正相关关系，与日照时数、太阳辐射、风速呈显著负相关关系。

表1	青藏高原生态屏障区植被生态质量与气候因子之间的相关性					
生态质量	皮尔逊相关		斯皮尔曼相关		肯德尔等级相关	
	样本数2796个					
	相关系数	显著性（双侧）	相关系数	显著性（双侧）	相关系数	显著性（双侧）
年均温	0.326**	< 0.001	0.344**	< 0.001	0.260**	< 0.001
年降水量	0.469**	< 0.001	0.687**	< 0.001	0.502**	< 0.001
日照时数	−0.629**	< 0.001	−0.664**	< 0.001	−0.467**	< 0.001
太阳辐射	−0.536**	< 0.001	−0.644**	< 0.001	−0.434**	< 0.001
(2m) 风速	−0.545**	< 0.001	−0.527**	< 0.001	−0.371**	< 0.001

基于斯皮尔曼相关系数分析可知，青藏高原生态屏障区植被生态质量与年降水量关系最密切，相关系数为0.687，其次是日照时数和太阳辐射，相关系数为分别为 −0.664 和 −0.644；与温度相关性最低，相关系数为0.344。因此，青藏高原生态屏障区植被生态质量是受多个气候因子共同影响的结果。

（三）青藏高原生态屏障区植被生态质量变化的气象贡献率

2000~2022年，青藏高原生态屏障区植被生态质量变化的气象贡献率平均为8%（微贡献），随时间呈缓慢增加趋势（见图18a），尤其是藏西北羌塘高原—阿尔金草原荒漠生态保护和修复工程区气象贡献率的变化速率最大，达 0.02 yr^{-1}（见图18b）。在空间分布上，青藏高原生态屏障区植被生态质量变化的气象贡献率在雅江下游的南部以高度正贡献为主（见图19），仅占总生态屏障区面积的2%；同时，分别约有41%、28%和29%区域的气象贡献率表现为中度正贡献、微贡献和中度负贡献（见图19a）。从气象贡献率的变化趋势来看，78%区域的气象贡献呈增加趋势，主要分布在青藏高原生态屏障区的北部和西部（见图19b）。

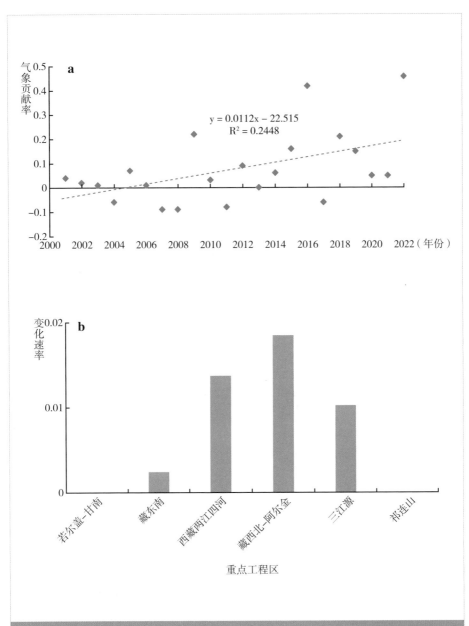

图 18　2000~2022 年青藏高原植被生态质量变化的平均气象贡献率 (a) 和重点工程区气象贡献率的变化速率 (b)

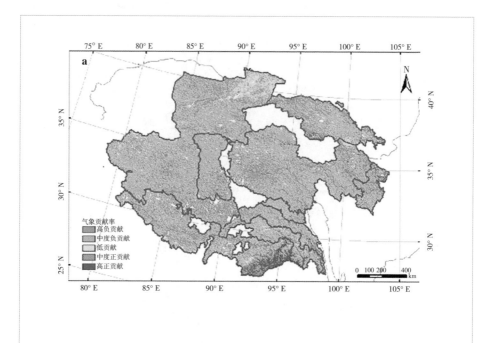

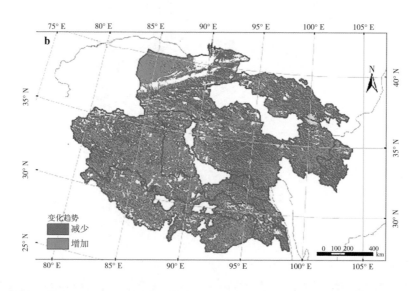

图 19　2000~2022 年青藏高原植被生态质量变化的气象贡献率 (a) 和变化趋势分布 (b)

七 人类活动对青藏高原生态屏障区植被生态质量的影响

（一）土地利用变化的影响

土地利用变化改变了植被类型及其空间格局。2000~2020 年土地利用类型叠加分析显示：青藏高原生态屏障区约 37.2% 的土地利用类型发生改变。其中，草地和荒漠变化较大，净变化面积分别为 –22.66 万平方公里和 16.62 万平方公里（见表 2）。草地面积减少和荒漠面积增大将直接导致植被净初级生产力和植被覆盖度的显著下降，从而造成青藏高原局部植被生态质量的显著下降。

表 2 2000~2020 年青藏高原生态屏障区土地利用类型转移矩阵

单位：平方公里

		2020 年							
		农田	森林	草地	水体	荒漠	聚落	湿地	合计
2000 年	农田	—	1300	3771	169	296	278	292	6106
	森林	1952	—	46252	1161	4047	112	526	52098
	草地	5083	59898	—	17412	336395	781	37379	451865
	水体	161	1464	9445	—	12947	70	1232	25158
	荒漠	675	15618	152936	14482	—	531	9498	193065
	聚落	178	39	227	68	28	—	11	373
	湿地	227	450	12628	1933	5534	56	—	20601
	合计	8276	78769	225259	35225	359247	1828	48938	—

2000~2020 年，青藏高原生态屏障区其他土地利用类型转变为森林的面积约 7.88 万平方公里，森林转化为其他用地类型的面积约 5.21 万平方公里，森林面积净增约 2.67 万平方公里。森林具有较高的净初级生产力，森林面积增加有利于植被生态质量的改善。2000~2020 年，其他土地利用类型转变为湿地的面积约 4.89 万平方公里，湿地转化为其他用地类型的面积约 2.06 万平方

公里，湿地面积净增约 2.83 万平方公里。湿地生物多样性丰富，尤其是沼泽湿地具有较高的净初级生产力和植被覆盖度。然而，2000~2020 年其他土地利用类型转变为草地的面积约 22.53 万平方公里，但草地转化为其他用地类型的面积约 45.19 万平方公里，草地面积净减约 22.66 万平方公里，其中草地减少面积主要转变为荒漠（约 33.64 万平方公里）和森林（约 5.99 万平方公里）。

（二）生态工程的影响

气候变化和土地利用是影响生态系统服务的主要因素，其中气候变化主导了青藏高原大部分区域的水土保持和防风固沙服务（贡献度 >70%），年降水量和年均气温是引起水土保持服务变化的主要因素，年均风速则是影响防风固沙服务的主要因素（何再军等，2023）。2000~2022 年，青藏高原生态屏障区植被生态质量是受多个气候因子共同影响的。近二十年来，在气候变化和人类活动的共同作用下，青藏高原生态系统恶化趋势得到遏制，生态系统质量逐步改善。

2000~2022 年，青藏高原生态屏障区约 70% 区域的植被生态质量呈现显著增加趋势，其中青藏高原生态屏障区东南部的植被生态质量增加速率更显著（见图 1），尤其是在三江源东部和黄河中上游区域，明显高于西部地区。但是，仍有约 10% 区域的植被生态质量变化速率小于零，主要分布在雅江中下游的错那市东部，区域生态系统保护和修复仍面临挑战。这表明，植被生态质量的变化受人类活动影响较大，虽然我国政府已经采取了退牧还草工程、限牧禁牧、生态补奖等措施，但在局部地区发挥的作用有限。

吴宜进等（2019）指出，2006~2016 年西藏地区植被生态质量总体呈现变好的趋势。水热状况改善，特别是降水量的增加和人为保护政策使得该区西部和中部地区生态质量有所提高，而社会经济活动加强则是该区东南部生态质量变差的主要原因。西藏自治区改则县在退牧还草生态工程实施背景下，2008~2013 年的植被退化面积减少 46.95%，而在 2013~2018 年植被覆盖度整体改善，植被生长状况显著改善，退化面积较生态工程实施前减少 26.93%（罗刚，2021）。2000~2015 年，青藏高原生态系统类型转化面积 1.76 万平方公里

（0.69%），其中森林（-0.25%）、草地（-0.15%）、沼泽（-0.47%）等面积小幅度减少，城镇和湖泊生态系统面积分别增加73.75%和9.99%；草地退化面积比例达80%以上，主要分布在青藏高原西北部（傅伯杰等，2021），青藏高原生态安全屏障仍面临退化草地面积大、局部生态系统退化的生态风险。2000~2015年，青藏高原生态屏障区生态系统格局也发生明显变化，草地面积减少，主要转换为荒漠和河流。表2表明2000~2020年青藏高原生态屏障区的草地面积也呈减少趋势，主要转换为荒漠、森林和湿地。

2000年以来，青藏高原生态屏障内人口数量的总贡献率达72%，在人口数量作用下生态系统呈正向转换的面积占比达86%，且人口数量与河流、森林生态系统的相关程度较高，青藏高原生态屏障区生态保护政策的实施、生态工程的建设卓有成效（李月皓等，2022）。此外，载畜量的不断增加极易引起局部区域草地退化。比较2000~2010年以来青藏高原生态屏障区生态系统的结构变化表明，2000~2010年屏障区生态系统结构稳定，其中城镇和湿地面积增加明显；生态系统服务功能整体上升，其中屏障区北部区域改善明显；生态胁迫以人口、国内生产总值（GDP）、载畜量等人类胁迫为主，自然胁迫整体较低（牟雪洁等，2015）。2000~2010年，约174.3平方公里农田退耕转为草地，约19.1平方公里的荒漠转为草地，农田和荒漠转入草地的总面积为193.4平方公里，大于草地退化为农田、城镇、荒漠的总面积88.3平方公里，表明近10年间屏障区草地建设、退耕还林（草）、退牧还草等生态保护工程作为正向影响因素，对屏障区草地生态系统恢复起到了积极作用，生态保护工程已经产生明显成效（牟雪洁等，2016；欧阳梦玥、陈琼，2022）。

尽管青藏高原生态屏障区的生态功能逐步提升，但部分地区仍有退化趋势。其中，植被覆盖度恢复较大的地区主要位于青藏高原中西部。政府未来应因地制宜，对水热环境较好且恢复潜力大的地区积极采取相关措施，对生态恢复潜力大但恢复难度较高的地区采取人工修复和自然恢复相结合的方法，提高生态工程效率（陈美祺等，2023）。

B.5

黄河重点生态区植被生态质量
及其归因分析

摘 要: 黄河重点生态区 2000-2022 年植被生态质量平均值为 278 g C $m^{-2}yr^{-1}$，增加速率为 6.1 g C $m^{-2}yr^{-1}$。植被 NPP 为 768.6 gC $m^{-2}yr^{-1}$，增加速率为 11.66 g C $m^{-2}yr^{-1}$，均高于全国平均值；覆盖度为 0.363，低于全国平均值，增加速率为 $0.0054yr^{-1}$，高于全国平均值。植被水土保持量为 111 t $ha^{-1}yr^{-1}$，接近全国平均值，增加速率为 1.175 t $ha^{-1}yr^{-1}$，高于全国平均值；水源涵养量为 36.01mm yr^{-1}，低于全国平均值，增加速率为 0.179 mm yr^{-1}，高于全国平均值。黄河重点生态区气候暖湿化趋势较为明显，植被生态质量与年均温、年降水量呈显著正相关关系。植被生态质量变化的气象贡献率约 36.7%。

关键词: 植被生态质量 气候暖湿化 气象贡献率 生态工程 黄河重点生态区

　　黄河重点生态区是我国重要的生态安全屏障和重要的经济地带，在我国经济社会发展和生态安全方面起着十分重要的作用。黄河重点生态区涉及青海、甘肃、宁夏、内蒙古、陕西、山西、河南、山东等 8 个省（区），包括黄河干流及其水陆交界的岸线、黄土高原、秦岭、贺兰山、黄河下游四个重点保护修复区和多个重要野生动植物物种栖息地。从西到东横跨青藏高原、内蒙古高原、黄土高原和黄淮海平原 4 个地貌单元。黄河重点生态区大部分位于干旱半干旱地带，气候属于温带大陆性季风气候，降水主要来自夏季风。年降水量年际波动较大，夏季多暴雨。年降水量呈自东南向西北逐渐减少的分布格局。地形地貌复杂，生态类型多样。生态系统以暖温带落叶阔叶林、温带草原、温带荒漠和农田为主。

黄河流域还是中国最重要的煤炭生产地带。中国排名前 14 的大型煤炭生产基地中有 9 个地处黄河流域，已经探明的煤炭储量累计达 7292 亿吨（原煤）。特别是，煤炭工业已经成为黄河流域中、上游晋陕蒙宁甘地区（山西省、陕西省、内蒙古自治区、宁夏回族自治区和甘肃省）经济发展的主要经济支柱产业，煤炭年产量约 28 亿吨，占全国总产量的近 70%（陈怡平、傅伯杰，2019）。煤炭开采会破坏水资源和地表生态系统。例如，库布齐沙漠以南、毛乌素沙漠东部边缘地带的煤炭过度开发，已经造成地形地貌的严重改变，土地沙漠化进程加速（彭苏萍，2018）。

黄河重点生态区是我国生态保护修复的典型区域。黄河重点生态区已经实施了一系列旨在保护环境和恢复退化生态系统的重大生态工程。近年来，生态质量显著改善，植被生产力和覆盖度显著增加，水土保持功能和水源涵养功能明显提升，有效增加了陆地生态系统碳汇。但是，黄河重点生态区的生态环境问题依然突出，水资源十分短缺，水土流失和沙漠化严重，环境承载力低，生态系统不稳定，生态敏感区和脆弱区面积大、类型多、程度深，成为制约生态环境高质量发展的重要因素（计伟等，2021；杨泽康等，2021）。黄河重点生态区的保护与治理需要遵循流域复合生态系统的整体性、系统性及内在规律，综合考虑生命共同体的各要素及其相互作用，构建具有整体性、系统性、协同性的治理机制（周广胜等，2021）。

2019 年，习近平总书记提出将"黄河流域生态保护和高质量发展"作为国家重大战略。2021 年 10 月 8 日，中共中央、国务院印发了《黄河流域生态保护和高质量发展规划纲要》，成为指导当前和今后一个时期黄河流域生态保护和高质量发展的纲领性文件。2020 年《全国重要生态系统保护和修复重大工程总体规划（2021–2035 年）》将黄河重点生态区生态保护和修复重大工程统筹布局为黄土高原水土流失综合治理、秦岭生态保护和修复、贺兰山生态保护和修复、黄河下游生态保护和修复、黄河重点生态区矿山生态修复等 5个重点生态工程，着力推进构建黄河重点生态区山水林田湖草沙一体化保护和修复格局。

一 黄河重点生态区植被生态质量的时空演变

（一）空间分布

黄河流域重点生态区对维护我国生态安全具有重要意义，但是总体植被生态质量较差，且空间差异性较大。黄河重点生态区的植被生态质量平均为278 g C m^{-2}yr^{-1}，低于全国植被生态质量平均水平（467 g C m^{-2}yr^{-1}）。植被生态质量较好的区域主要分布在东部和南部，一般为300~1000 g C m^{-2}yr^{-1}。位于暖温带和亚热带交界区域的秦岭山地植被生态质量相对较高，位于东部的吕梁山、太行山等区域的植被生态质量也较高；但是，黄河重点生态区的西北部降水较少，生态本底差，植被生态质量一般小于300 g C m^{-2}yr^{-1}（见图1）。

（二）时间动态

2000年以来，黄河重点生态区植被生态质量总体呈稳中向好趋势，植被生态质量持续提升。2022年，黄河重点生态区约80%区域的植被生态质量高于多年平均值。但是，黄河重点生态区的西部和南部的一些区域，2022年植被生态质量低于多年平均值（见图2a）。

2000~2022年，黄河重点生态区约95%区域的植被生态质量呈显著增加趋势，仅有约0.5%区域的植被生态质量呈显著减少趋势（见图2b）。2000~2022年，黄河重点生态区植被生态质量增加速率为6.1 g C m^{-2}yr^{-1}，高于全国植被生态质量增加速率（4.7 g C m^{-2}yr^{-1}）。其中，植被生态质量显著增加区域主要位于该区域的东部和南部，包括黄土高原东部的吕梁山、太行山，以及秦岭等区域，植被生态质量增加速率一般大于10 g C m^{-2}yr^{-1}（P<0.01）（见图3）。尽管西部和西北部区域的植被生态质量也呈增加趋势，但是植被生态质量的增加速率较小，一般在0~5 g C m^{-2}yr^{-1}，明显低于东部和南部区域的增加速率。

在陕西省中部和南部秦岭区域，由于城镇化建设等人为干扰，城乡建设（聚落）面积持续增加，部分区域的植被生态质量出现负增加趋势（见图3）。

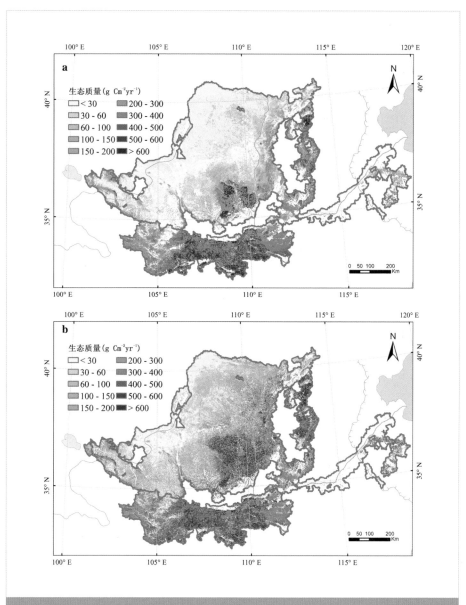

图 1　2000 年 (a) 和 2022 年 (b) 黄河重点生态区的植被生态质量（农田除外）

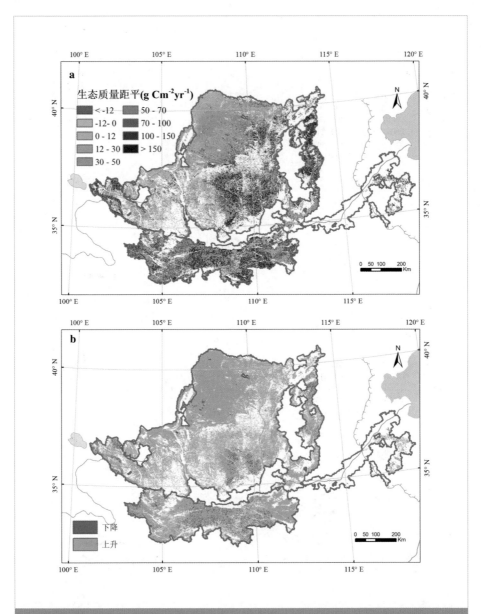

图2　2022年黄河重点生态区植被生态质量距平 (a) 和 2000~2022年黄河重点生态区
植被生态质量变化趋势 (b)

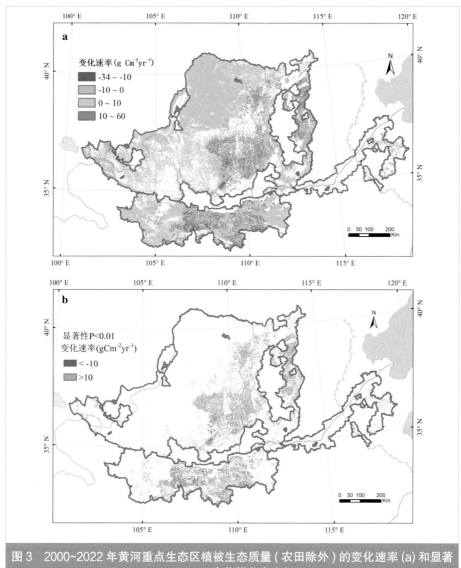

图3 2000~2022 年黄河重点生态区植被生态质量（农田除外）的变化速率 (a) 和显著变化区分布 (b)

植被生态质量负增长区主要分布在植被生态质量相对较好的区域。尽管黄河重点生态区植被生态质量负增长的面积较小，但是对整体植被生态质量的影响不容忽视。

二 黄河重点生态区植被净初级生产力的
时空演变

（一）空间分布

2000~2022 年，黄河重点生态区植被净初级生产力（NPP）平均为 768.6 gC m^{-2}yr^{-1}，略高于全国植被 NPP 平均值 662.5g C m^{-2}yr^{-1}。黄河重点生态区植被 NPP 空间差异显著，呈东南高、西北低的空间分布格局。黄河重点生态区东部的太行山、吕梁山、黄河下游区域，以及南部的秦岭等区域，植被 NPP 相对较高，一般大于 400 g C m^{-2}yr^{-1}，部分区域植被 NPP 大于 800 g C m^{-2}yr^{-1}。黄河重点生态区西北部区域，植被 NPP 相对较低，一般低于 400 g C m^{-2}yr^{-1}，部分区域植被 NPP 小于 200 g C m^{-2}yr^{-1}（见图 4）。

（二）时间动态

黄河重点生态区植被 NPP 年际变化较为显著。2022 年，黄河重点生态区植被 NPP 总体偏好，约 90% 区域的植被 NPP 高于多年平均值。尤其是黄土高原东部区域，植被 NPP 显著高于多年平均值。但是，黄河上游和下游的部分区域植被 NPP 低于多年平均值（见图 5a）。2000~2022 年，黄河重点生态区植被 NPP 持续升高，约 95% 区域的植被 NPP 呈升高趋势。其中，黄土高原东部、吕梁山、太行山脉，以及秦岭山脉的植被 NPP 升高趋势显著，上升速率超过 10 g C m^{-2}yr^{-1}（P<0.01）。仅在秦岭北坡、黄河下游沿岸等人口密集区的植被 NPP 呈显著下降趋势，下降速率超过 10 g C m^{-2}yr^{-1}（见图 5b 和图 6a）。

总体上，2000~2022 年，黄河重点生态区植被 NPP 由 2000 年的 603.6 g C m^{-2}yr^{-1} 增加到 2022 年的 898.1 g C m^{-2}yr^{-1}，增加幅度达 48.8%，平均增加速率为 11.66 g C m^{-2}yr^{-1}（R^2= 0.8916）（见图 6b），远远超过全国平均植被 NPP 增加速率 2.7g C m^{-2}yr^{-1}。

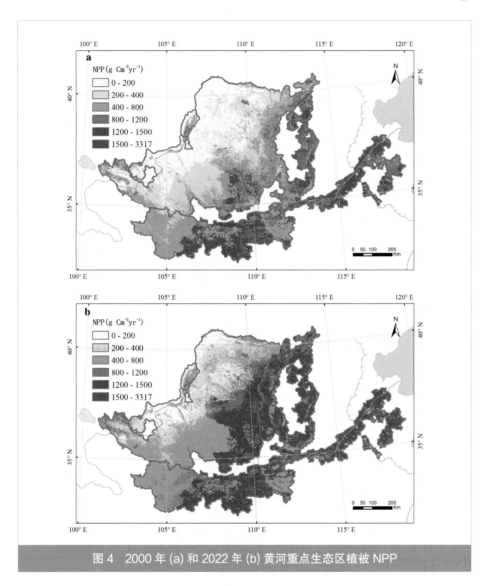

图4 2000年 (a) 和 2022 年 (b) 黄河重点生态区植被 NPP

三 黄河重点生态区植被覆盖度的时空演变

(一)空间分布

2000~2022 年,黄河重点生态区植被覆盖度平均为 0.363,低于全国植被覆盖度 0.475。黄河重点生态区植被覆盖度空间差异性非常显著，与植被 NPP 的宏观分布格局类似，呈东部和南部高、西北部低的空间分布格局。黄河重点生态区东部的太行山、吕梁山、黄河下游区域，以及南部的秦岭山脉等区

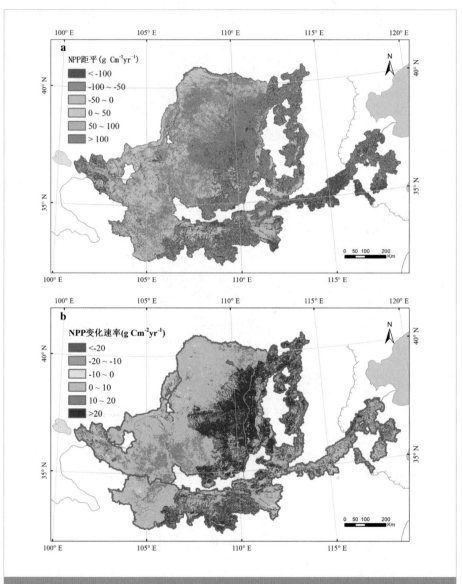

图 5　2022 年黄河重点生态区植被 NPP 距平 (a) 和 2000~2022 年黄河重点生态区植被 NPP 变化速率 (b)

域，植被覆盖度相对较高，一般大于 0.4，尤其是秦岭山脉核心区植被覆盖度大于 0.7。黄河重点生态区的西北部区域植被覆盖度相对较低，一般低于 0.3，部分沙漠区域植被覆盖度接近 0（见图 7）。

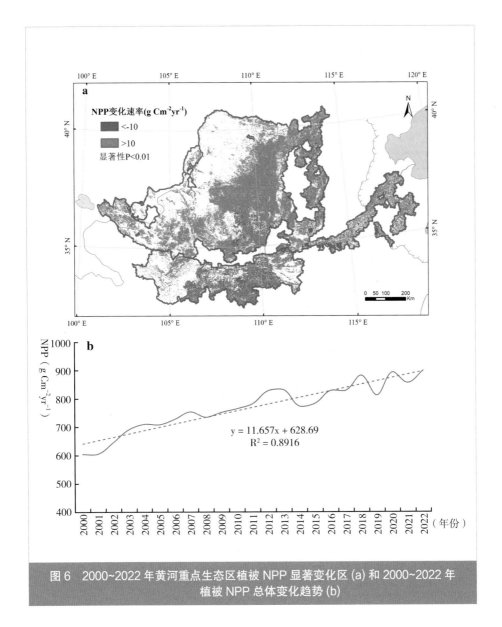

图 6 2000~2022 年黄河重点生态区植被 NPP 显著变化区 (a) 和 2000~2022 年植被 NPP 总体变化趋势 (b)

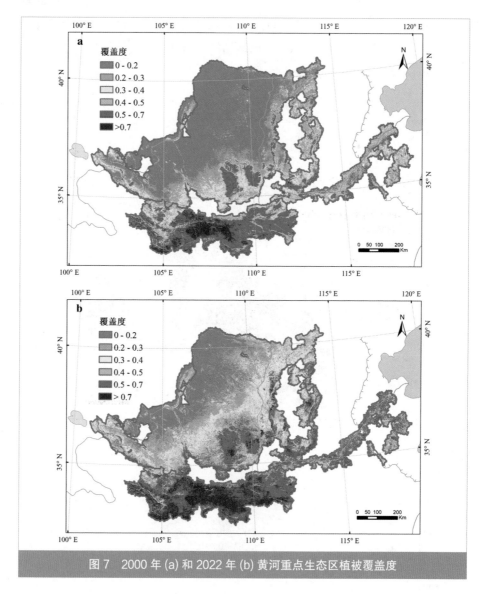

图 7 2000 年 (a) 和 2022 年 (b) 黄河重点生态区植被覆盖度

（二）时间动态

黄河重点生态区植被覆盖度年际变化较为显著。2022 年，黄河重点生态区植被覆盖度总体偏好，约 85% 区域的植被覆盖度高于多年平均值。仅西部和南部的个别区域植被覆盖度低于多年平均值（见图 8a）。2000~2022 年，黄河重点生态区植被覆盖度持续升高，约95%区域的植被覆盖度呈现升高趋势。其中，陕西省中东部和山西省西部区域的植被覆盖度升高趋势最显著，上升速率超过0.01 yr^{-1}（P<0.01）（见图8b和图9a）。

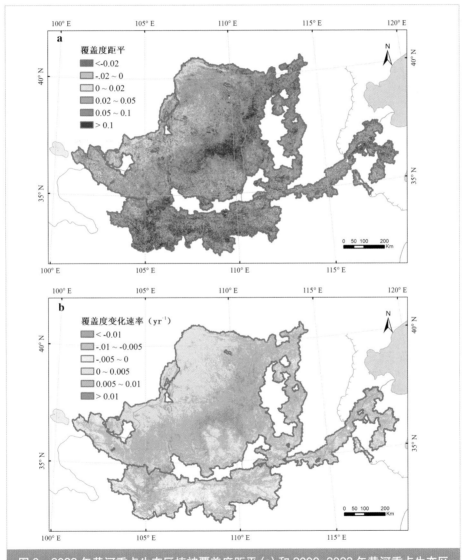

图8　2022年黄河重点生态区植被覆盖度距平 (a) 和 2000~2022 年黄河重点生态区植被覆盖度变化速率 (b)

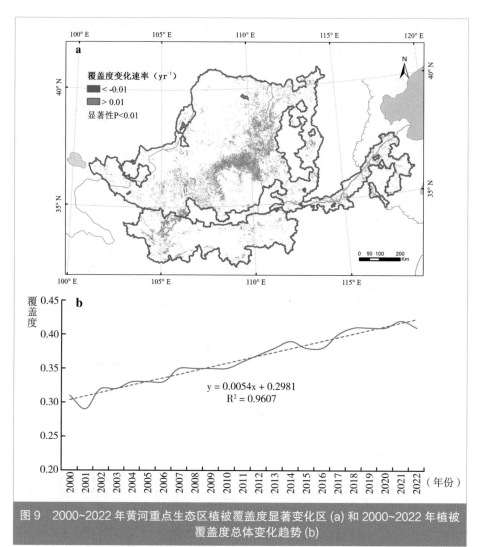

图9 2000~2022年黄河重点生态区植被覆盖度显著变化区(a)和2000~2022年植被覆盖度总体变化趋势(b)

总体上，2000~2022年，黄河重点生态区植被覆盖度由2000年的0.31增加到2022年的0.41，增加幅度达32.3%，平均增加速率为0.0054yr^{-1}（R^2=0.9607）（见图9b），明显高于全国植被覆盖度增加速率0.0035yr^{-1}。

四 黄河重点生态区水土保持的时空演变

（一）空间分布

2000~2022 年，黄河重点生态区植被水土保持量平均为 111 t ha⁻¹yr⁻¹，接近全国植被水土保持量 108 t ha⁻¹yr⁻¹。黄河重点生态区植被水土保持量空间差异性显著，东部和东南部水土保持量较高，其中黄土高原东部、太行山脉、秦岭山脉等区域的植被水土保持量相对较高，一般大于 100 t ha⁻¹yr⁻¹。西北部地区植被稀疏，植被水土保持量较低，一般小于 20 t ha⁻¹yr⁻¹（见图 10）。

（二）时间动态

2000~2022 年，黄河重点生态区植被水土保持的年际变化明显。2022 年，黄河重点生态区植被水土保持量大致与多年平均值持平，约 50% 区域的植被水土保持量高于多年平均值，约 50% 区域的植被水土保持量低于多年平均值。其中，黄河重点生态区北部的植被水土保持量显著高于多年平均值（见图 11a）。2000~2022 年，黄河重点生态区植被水土保持量发生了明显变化，约 95% 区域的植被水土保持量呈现升高趋势。其中，黄土高原东部和秦岭山脉等区域的植被水土保持量升高趋势显著，升高速率超过 2 t ha⁻¹yr⁻¹（见图 11b & 图 12a）。

总体上，2000~2022 年，黄河重点生态区植被水土保持量由 2000 年的 91.82 t ha⁻¹yr⁻¹ 增加到 2022 年的 111.05 t ha⁻¹yr⁻¹，增加幅度达 20.9%，增加速率为 1.175 t ha⁻¹yr⁻¹（R^2=0.2236）（见图 12b），远远高于全国植被水土保持量增加速率 0.2 t ha⁻¹yr⁻¹。

五 黄河重点生态区水源涵养的时空演变

（一）空间分布

2000~2022 年，黄河重点生态区水源涵养量平均为 36.01mm yr⁻¹，低于全

117

国植被水源涵养量 47mm yr^{-1}。黄河重点生态区的水源涵养量呈东南部高、西北部低的空间分布格局。黄土高原东部和东南部、黄河下游区域的植被水源涵养量相对较高,一般为 50 ~150 mm yr^{-1}。黄土高原西北部水源涵养量较低,一般为 0~50 mm yr^{-1}(见图 13)。

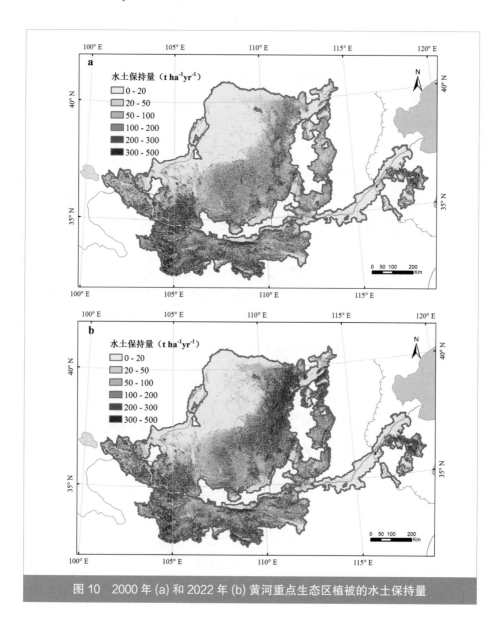

图 10 2000 年 (a) 和 2022 年 (b) 黄河重点生态区植被的水土保持量

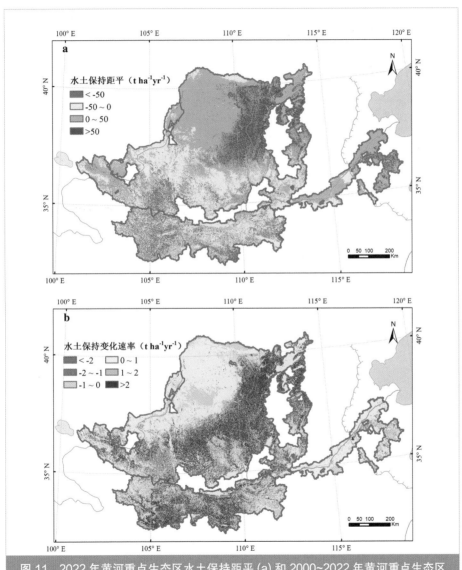

图 11　2022 年黄河重点生态区水土保持距平 (a) 和 2000~2022 年黄河重点生态区
水土保持变化速率 (b)

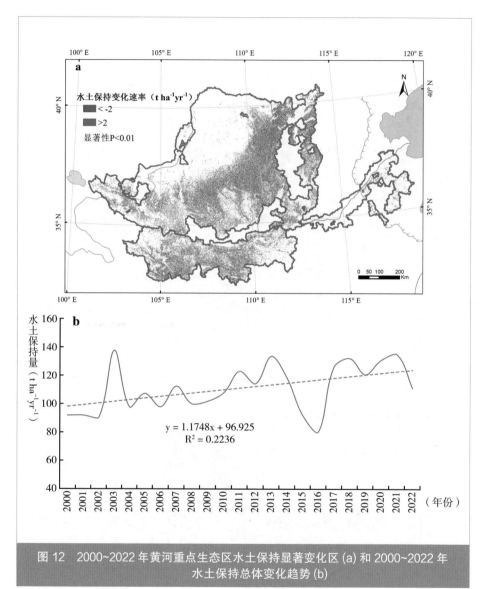

图 12 2000~2022 年黄河重点生态区水土保持显著变化区 (a) 和 2000~2022 年
水土保持总体变化趋势 (b)

（二）时间动态

黄河重点生态区植被水源涵养的年际波动明显，最大波动幅度达 10.82 mm
yr[-1]。2022 年，黄河重点生态区植被水源涵养量与多年平均值基本持平，约 45%

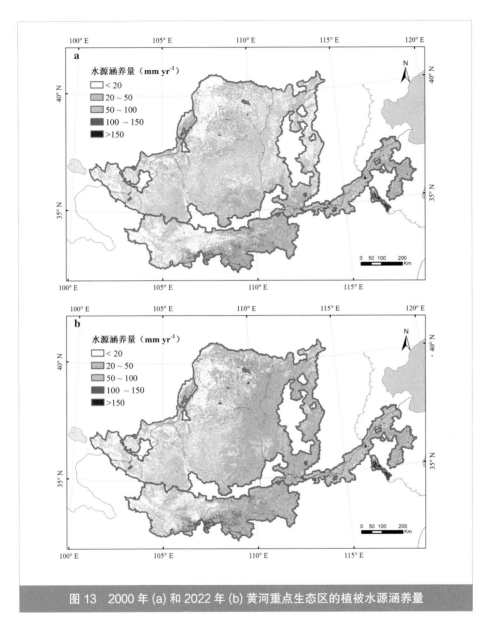

图 13　2000 年 (a) 和 2022 年 (b) 黄河重点生态区的植被水源涵养量

区域的植被水源涵养量高于多年平均值，约 55% 区域的植被水源涵养量高于多年平均值。其中，黄土高原北部、秦岭山脉等区域的植被水源涵养量显著高于多年平均值（见图 14a）。2000~2022 年，黄河重点生态区植被水源涵养量发生

了明显变化，约 80% 区域的植被水源涵养量呈现升高趋势。其中，黄土高原东部、太行山脉、秦岭山脉等区域的植被水源涵养量升高趋势显著，升高速率超过 0.5 mm yr^{-1}（P< 0.01）。但是黄河下游、秦岭北坡等人口密集区，植被水源涵养有显著下降趋势，下降速率超过 0.5 mm yr^{-1}（P< 0.01）（见图 14b 和图 15a）。

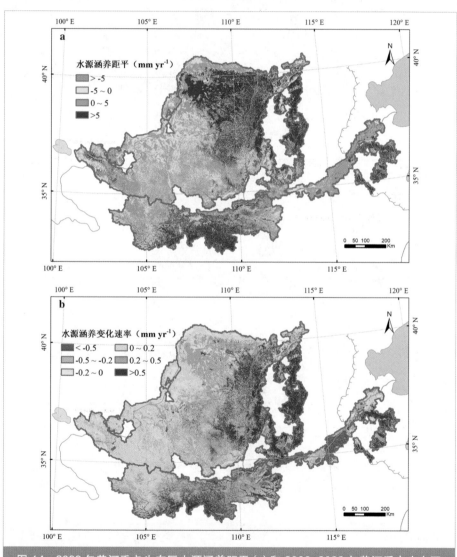

图 14　2022 年黄河重点生态区水源涵养距平 (a) 和 2000~2022 年黄河重点生态区水源涵养变化速率 (b)

122

  总体上，2000~2022 年，黄河重点生态区水源涵养量由 2000 年的 33.29 mm yr^{-1} 增加到 2022 年的 37.24 mm yr^{-1}，增加幅度达 11.9%，平均增加速率为 0.179 mm yr^{-1}（R^2=0.1888）（见图 15b），明显高于全国水源涵养量增加速率 0.12 mm yr^{-1}。

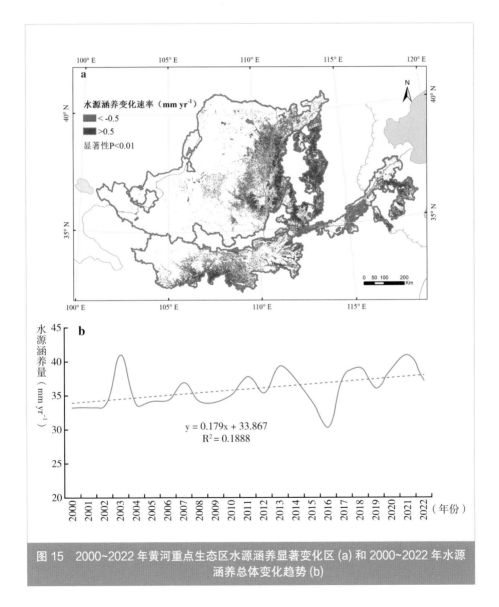

图 15 2000~2022 年黄河重点生态区水源涵养显著变化区 (a) 和 2000~2022 年水源涵养总体变化趋势 (b)

六 气候变化对黄河重点生态区植被生态质量的影响

（一）黄河重点生态区气候变化趋势

黄河重点生态区东南部属半湿润气候区，中部属半干旱气候区，西北部属干旱气候区。2000~2022 年，黄河重点生态区平均年降水量为 530mm，呈自东南向西北减少趋势。其中，秦岭以南区域的年降水量超过 800mm，西北干旱区年降水量仅 125~200 mm（见图 16a）。2000~2022 年，黄河重点生态区年平均气温为 9.1℃。年平均气温的纬度地带性和海拔地带性明显，具有东高西低、南高北低的分布格局。东部和南部的年平均气温超过 10℃，西部和北部一些地区的年平均气温低于 5℃（见图 16b）。

黄河重点生态区是气候变化较为显著的区域，气候呈明显的增暖趋势。2000~2022 年，黄河重点生态区平均气温升高速率为 0.04℃ yr^{-1}（R^2=0.4133）（见图 17a），约为全球平均增温速率的 2 倍。其中，西部和东部区域的增温速率较大，大于 0.04℃ yr^{-1}，南部区域的增温速率相对较小（见图 17b）。

2000~2022 年，黄河重点生态区平均年降水量增加速率为 6.2 mm yr^{-1}（R^2=0.438）（见图 18a），略高于全国平均年降水量增加速率 5.4 mm yr^{-1}。其中，南部的秦岭地区以及东部的太行山、吕梁山一带，年降水量增加速率相对较大。但是，黄河重点生态区东南部和西北部的个别区域年降水量出现降低趋势（见图 18b）。

（二）影响黄河重点生态区植被的主要气候因子

气候变化对黄河重点生态区的植被生态质量影响显著。相关分析表明，黄河重点生态区植被生态质量与年均温、年降水量、日照时数、太阳辐射、风速等气候因子均呈显著相关关系（见表 1），表明气候因子是影响植被生态质量的重要因素。气候暖湿化的区域差异性决定了气候暖湿化对植被生态质量影响的区域差异。

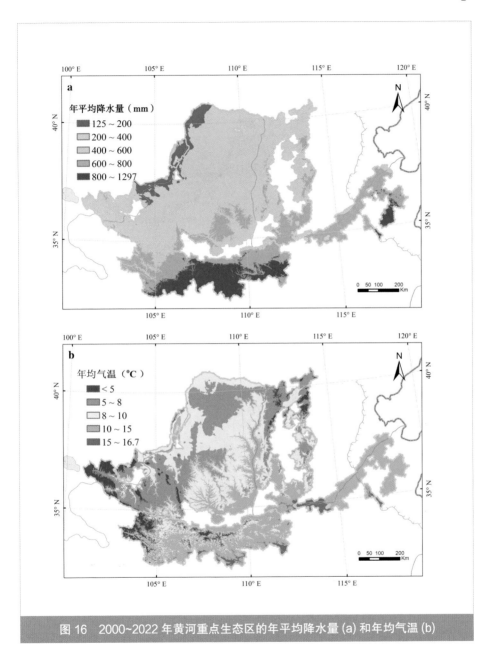

图 16　2000~2022 年黄河重点生态区的年平均降水量 (a) 和年均气温 (b)

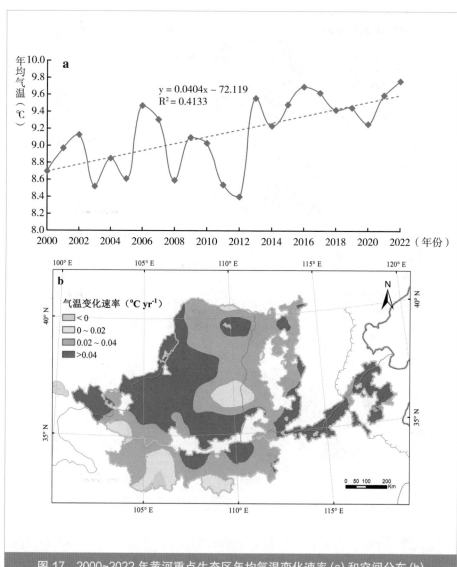

图 17 2000~2022 年黄河重点生态区年均气温变化速率 (a) 和空间分布 (b)

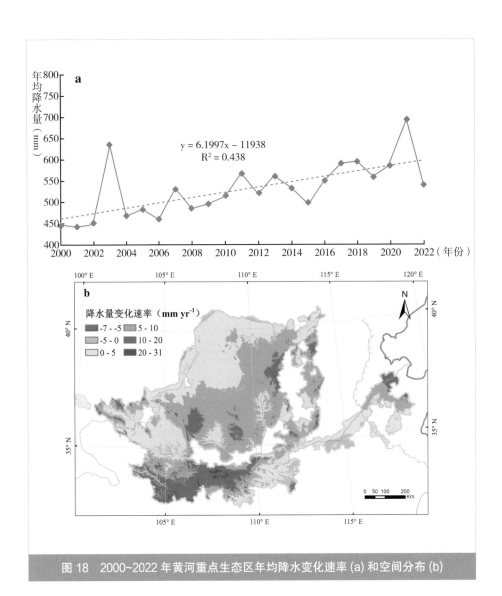

图 18　2000~2022 年黄河重点生态区年均降水变化速率 (a) 和空间分布 (b)

表 1   植被生态质量与气候因子之间的相关性

生态质量	皮尔逊相关		斯皮尔曼相关		肯德尔等级相关	
	样本数据202个					
	相关系数	显著性（双侧）	相关系数	显著性（双侧）	相关系数	显著性（双侧）
年均温	0.385**	< 0.001	0.403**	< 0.001	0.256**	< 0.001
年降水量	0.661**	< 0.001	0.836**	< 0.001	0.635**	< 0.001
日照时数	−0.609**	< 0.001	−0.762**	< 0.001	−0.546**	< 0.001
太阳辐射	−0.58**	< 0.001	−0.761**	< 0.001	−0.541**	< 0.001
(2m) 风速	−0.489**	< 0.001	−0.522**	< 0.001	−0.363**	< 0.001

不同气候要素对黄河重点生态区植被生态质量的影响不同。其中，植被生态质量与年均温、年降水量呈显著正相关关系，表明气温升高和降水增加有利于植被生长和植被生态质量改善。植被生态质量与日照时数、太阳辐射、风速呈显著负相关关系，表明日照时数增加、太阳辐射增强或风速增强会对植被生态质量产生不利影响。

根据相关系数绝对值大小判断，年降水量和日照时数是制约黄河重点生态区植被生态质量的关键气候因子。植被生态质量与年降水量关系最密切，皮尔逊相关系数为 0.661（$P<0.001$），斯皮尔曼相关系数为 0.836；肯德尔等级相关系数为 0.635。植被生态质量与日照时数的皮尔逊相关系数为 −0.609（$P<0.001$）。植被生态质量与太阳总辐射的皮尔逊相关系数为 −0.58（$P<0.001$），与风速的皮尔逊相关系数为 −0.489（$P<0.001$）。尽管年均温也是影响植被生态质量的因素，但根据相关系数的绝对值，年均温对植被生态质量的影响程度明显低于年降水、日照时数、太阳辐射和风速等因素对植被生态质量的影响（见表1）。

（三）黄河重点生态区植被生态质量变化的气象贡献率

年均温、年降水量、日照时数、太阳辐射、风速等气候因素都是制约黄河重点生态区植被生态质量的重要因素，但是一些气候因素对植被生态质量有利，另一些气候因素对植被生态质量不利。因此，气候因素对植被生态质量的影响是各气候因素综合作用的结果。2000~2022 年，黄河重点生态区的大部分区域植被生态质量变化的气象贡献表现为正值，植被生态质量变化的气象贡献率约为 36.7%（见图 19）。这表明，黄河重点生态区的气候变化总体上有利于植被生态质量改善，是植被生态质量稳中向好发展的重要驱动力。

气候变化对黄河重点生态区植被生态质量的影响存在明显区域分异。东部和东南部地区气象贡献率以中度正贡献和高度正贡献为主，气候变化非常有利于植被生态质量改善。广大的中西部地区的气象贡献率以微贡献和中度正贡献为主，气候变化总体有益于植被生态质量改善。但是，一些区域出现中度负贡献，表明这些区域的气候变化对植被生态质量造成不利影响（见图19）。

黄河重点生态区是中华文明的重要发育地，一直是全国政治、经济和文化中心，人口比较密集，人类活动类型多样、强度大。人类活动对植被生态质量的影响具有有利的一面。例如，退耕还林还草、天然林保护、围栏、轮牧等。另一方面，大规模开荒、撂荒、过度放牧、城乡建设、矿产开采等，

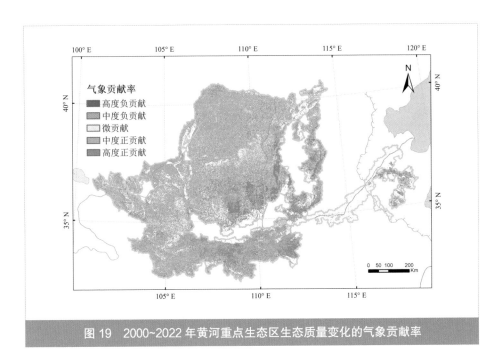

图 19　2000~2022 年黄河重点生态区生态质量变化的气象贡献率

直接破坏植被，导致植被生态质量下降。目前，影响黄河重点生态区植被生态质量的人类活动主要是土地利用类型变化，以及一系列生态保护和生态恢复工程。

七　人类活动对黄河重点生态区植被生态质量的影响

（一）土地利用变化的影响

20 世纪 80 年代末至 90 年代末，黄河流域土地利用呈现出草地、林地减少，耕地、建设用地等增加的特征（刘纪远等，2014）。2000~2020 年土地利用类型叠加分析显示，黄河重点生态区土地利用呈现耕地减少、林地和建设用地增加的特征（见表 2）。2000~2020 年，草地面积变化较大，约 105566平方公里的草地变为其他土地利用类型，同时约 104838 平方公里的其他土地利用类型转变为草地，草地面积净减少约 728 平方公里；林地面积增加明显，其他土地利用类型转变为林地的面积约 48964 平方公里，林地转化为其他类型用地的面积约 45458 平方公里，林地面积净增加约 3506 平方公里。森林具有较高的生产力，黄河重点生态区森林面积增加有利于植被生态质量的改善。

表 2　2000~2020 年黄河土地利用类型转移矩阵

单位：平方公里

		2020 年							
		农田	森林	草地	水体	荒漠	聚落	湿地	合计
2000 年	农田		17420	62150	2443	1715	14655	1101	99484
	森林	15736		27235	345	660	1302	180	45458
	草地	57416	29688		1027	11573	4698	1164	105566
	水体	1691	161	803		173	305	267	3400
	荒漠	1965	941	11567	253		764	372	15862
	聚落	8561	513	1914	265	137		111	11501
	湿地	1409	241	1169	442	327	273		3861
	合计	86778	48964	104838	4775	14585	21997	3195	

2000~2020 年，黄河重点生态区其他土地利用类型转变为湿地的面积约 3195 平方公里，湿地转化为其他用地类型的面积约 3861 平方公里，湿地面积净减少约 666 平方公里。其他土地利用类型转变为建设用地（聚落）的面积约 21997 平方公里，建设用地转化为其他用地类型的面积约 11501 平方公里，建设用地面积净增加约 10496 平方公里。建设用地扩张将破坏大量植被，直接导致植被净初级生产力和植被覆盖度的显著下降。湿地生物多样性丰富，尤其是沼泽湿地具有较高的净初级生产力和植被覆盖度。湿地面积的减少和建设用地的大面积增加是黄河重点生态区局部地区植被生态质量下降的主要驱动力。

（二）生态工程的影响

自 1978 年开始，黄河流域陆续实施了三北防护林工程、退耕还林还草工程等一系列重大生态工程。黄河中上游以草地为主，黄河下游以农田为主。黄河流域上游开展了三江源生态保护与建设，中游实施了三北防护林建设、天然林保护、水土保持、退耕还林还草等重大工程，开展了祁连山、黄土高原、南太行、泰山等多个山水林田湖草生态保护修复工程试点，同时在黄河三角洲湿地实施了生态修复等系列工程（付乐等，2022）。

黄河重点生态区的生态治理取得了巨大成效，使得黄土高原林草覆被率由 20 世纪 80 年代的 20% 增加到 2017 年的约 65%，生态环境得到极大改善（周广胜等，2021）。黄河重点生态区的东部和南部（山西省和陕西省）植被生态质量增加速率较大（见图 2），而该区域正是实施生态恢复和保护措施的核心区域。已有研究也表明，黄河流域中游地区的黄土高原地区植被生产力和覆盖度的增加速率显著高于其他区域（孙高鹏等，2021；谢艳玲等，2023），这与大规模生态恢复工程密切相关。例如，1999~2021 年陕西省累计完成退耕还林还草 4130.64 万亩，治理沙化土地 107.05 万亩，义务植树 8010 万株；山西省累积造林面积 554.106 万公顷。这些数据表明，黄河重点生态区的一系列重大生态工程明显促进了植被生态质量的改善。

B.6
长江重点生态区植被生态质量
及其归因分析

摘　要： 长江重点生态区2000~2022年植被生态质量平均值为514.88 g C m^{-2}yr^{-1}，呈东部和南部向北部和西部逐渐减少趋势，增加速率为5.71 g C m^{-2}yr^{-1}，均高于全国平均值。植被NPP为1062.72 g C m^{-2} yr^{-1}，增加速率为8.04 g C m^{-2} yr^{-1}，均高于全国平均值；覆盖度为0.59，高于全国平均值，增加速率为0.0035 yr^{-1}，与全国平均值持平。植被水土保持量为245.07 t ha^{-1}yr^{-1}，显著高于全国平均值，增加速率为0.207 t ha^{-1}yr^{-1}，与全国平均值持平；水源涵养量为66.82 mm yr^{-1}，增加速率为0.204 mm yr^{-1}，均高于全国平均值。长江重点生态区气候暖湿化明显，植被生态质量与年均温、年降水量呈显著正相关关系。植被生态质量变化的气象贡献率为45.88%。

关键词： 植被生态质量　气候暖湿化　气象贡献率　生态工程 长江重点生态区

长江发源于青藏高原唐古拉山主峰各拉丹冬雪山西南侧，横贯我国东、中、西大部分地区，跨越我国地势三大阶梯，其流域范围广阔，总面积达180万平方公里（杨利等，2019）。作为我国第一大河，长江是我国东中西部连接的纽带，也是我国水资源配置的战略水源地。并且，长江具有多样化的生态环境，是全球生物多样性最为丰富的区域之一，已列入世界自然基金会全球重点保护的35个优先生态区名单（薛蕾、徐承红，2015）。同时，长江经济带也是世界人口最多、产业规模最大、城市体系最完整的巨型流域经济带，其人口和地区生产总值占到了全国的40%（高吉喜，2016）。长江重点生态区涉及四川、云南和贵州等 11 个省（市），含川滇森林及生物多样性、桂黔滇喀斯特石漠化防治、秦巴山区生物多样性、三峡库区水土保持、武陵山区生物多样性与水土保持、大别山水土保持 6 个国家重点生态功能区以及洞庭湖和鄱阳湖等重要湿地。长江重点生态区是推动长江经济带发展战略和川滇生态屏障所在区域，是中华民族的摇篮和民族发展的重要支撑。

长江重点生态区自然环境复杂，上、中、下游自然分异明显，各区域地形地貌、气候条件差异显著，国民经济发展不平衡，植被生态系统的分布和变化在空间上差异显著。由于资源与能源的过度利用和无序开发，长江流域部分区域生态系统退化严重。随着我国城镇化进程加快，长江重点生态区的土地开发强度均远超全国平均水平。同时，长江中上游防护林体系建设工程、天然林保护工程、退耕还林工程，促进了长江流域的植被恢复。

本报告重点评估 2000 年以来长江重点生态区植被生态质量、水土保持和水源涵养等时空格局及其对气候变化、土地利用和生态工程的响应，为长江重点生态区高质量发展提供决策依据。

一 长江重点生态区植被生态质量的时空演变

（一）空间分布

长江重点生态区植被生态质量存在明显的空间差异，东部和南部地区植被生态质量明显优于西部和北部地区。2000~2022 年，长江重点生态区植被生态质量平均为 514.88 g C m^{-2} yr^{-1}，大于我国植被生态质量 467 g C m^{-2}yr^{-1}。其中，大别山—黄山水土保持与生态修复区、大巴山区生物多样性保护与生态修复区的年均植被生态质量分别达到 689.69 g C m^{-2}yr^{-1} 和 679.63 g C m^{-2}yr^{-1}，而横断山区水源涵养与生物多样性保护区的植被生态质量仅为 419.82 g C m^{-2}yr^{-1}，表明不同生态区存在明显的空间差异。2000 年长江重点生态区的植被生态质量均值为 258.9 g C m^{-2} yr^{-1}（见图 1a），2022 年植被生态质量均值为 557.2 g C m^{-2} yr^{-1}（见图 1b），净增长率达 115.2%。

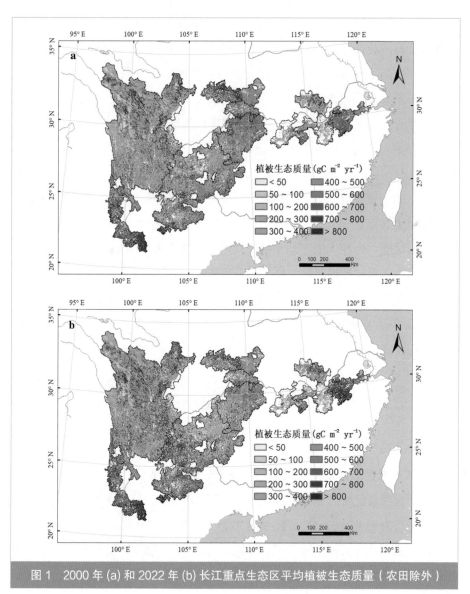

图 1　2000 年 (a) 和 2022 年 (b) 长江重点生态区平均植被生态质量（农田除外）

（二）时间动态

2022 年长江重点生态区植被质量距平分析结果表明，植被生态质量距平值低于 $-100\,\mathrm{g\,C\,m^{-2}\,yr^{-1}}$ 的区域面积占比为 15.03%，而距平值为 $-100\sim100\,\mathrm{g\,C}$

m^{-2} yr^{-1} 的区域面积占比为 63.33%，距平值大于 100 g C m^{-2} yr^{-1} 的区域面积占比达 21.64%（见图 2a）。2000~2022 年长江重点生态区植被生态质量整体呈上升趋势，面积占比为 81.0%；植被生态质量呈减少趋势的区域面积占比为 19.0%，

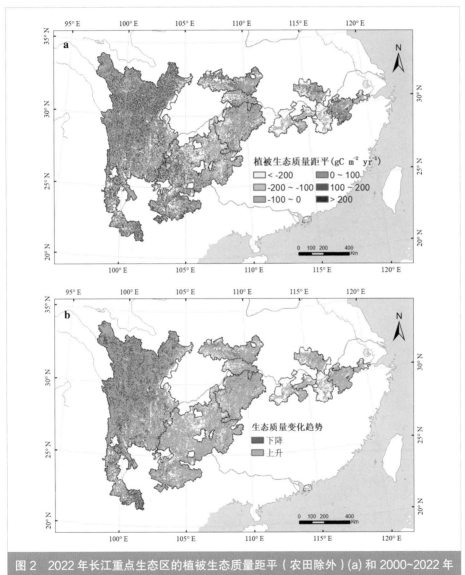

图 2 2022 年长江重点生态区的植被生态质量距平（农田除外）(a) 和 2000~2022 年长江重点生态区变化趋势 (b)

呈下降趋势的区域主要位于横断山区水源涵养与生物多样性保护区、长江上中游岩溶地区石漠化综合治理区（见图 2b）。2000~2022 年，长江重点生态区植被生态质量平均增长速率为 5.71 g C m^{-2} yr^{-1}，植被生态质量增长速率大于 5.0

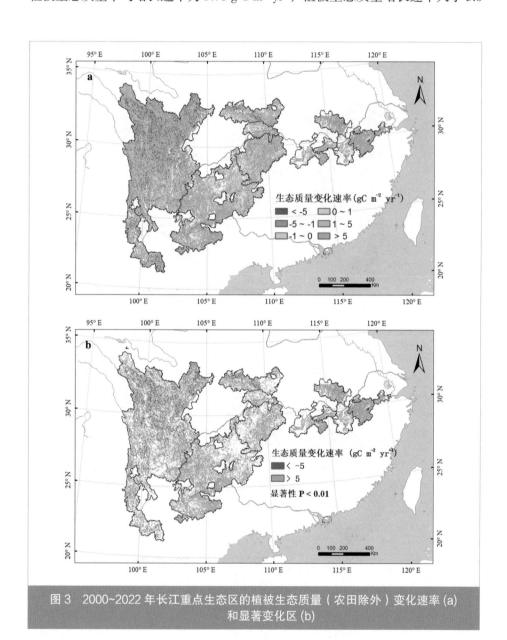

图 3　2000~2022 年长江重点生态区的植被生态质量（农田除外）变化速率 (a) 和显著变化区 (b)

g C m⁻² yr⁻¹ 的区域面积占比达 39.9%，而变化速率小于零的面积占比为 18.9%（见图 3a）。从主要生态工程区来看，大巴山区生物多样性保护与生态修复区植被生态质量的增加速率最大（11.15 g C m⁻² yr⁻¹），而横断山区水源涵养与生物多样性保护区仅为 3.70 g C m⁻² yr⁻¹。2000~2022 年，长江重点生态区植被生态质量变化速率整体上呈显著上升趋势，仅有少部分地区出现显著下降趋势（见图 3b）。

二 长江重点生态区植被净初级生产力的时空演变

（一）空间分布

长江重点生态区的植被 NPP 存在明显的空间差异，东部和南部地区的植被 NPP 大于北部和西部地区（见图 4）。2000~2022 年，长江重点生态区植被 NPP 平均值为 1062.72 g C m⁻² yr⁻¹，显著大于我国平均的植被 NPP 662.5 g C m⁻² yr⁻¹。其中，植被 NPP 大于 1600 g C m⁻² yr⁻¹ 的区域分布在大巴山区生物多样性保护与生态修复区、长江中下游岩溶地区石漠化综合治理区，而年均 NPP 小于 600 g C m⁻² yr⁻¹ 主要分布在横断山区水源涵养与生物多样性保护区。2000 年长江重点生态区植被生态质量均值为 969.65 g C m⁻² yr⁻¹（见图 4a），2022 年植被生态质量均值为 1115.52 g C m⁻² yr⁻¹（见图 4b），净增长率达 15.04%。

（二）时间动态

2022 年长江重点生态区植被 NPP 距平分布结果表明，植被 NPP 距平值低于 –200 g C m⁻² yr⁻¹ 的区域面积占比为 18.72%，而距平值介于 –200 g C m⁻² yr⁻¹ 和 200 g C m⁻² yr⁻¹ 之间的区域面积占比为 55.56%，距平值大于 200 g C m⁻² yr⁻¹ 的区域面积占比达 25.72%（见图 5a）。2000~2022 年长江重点生态区植被 NPP 变化以显著上升趋势为主，但部分地区仍出现显著下降趋势，离散分布在各个主要生态工程区内，特别是横断山区水源涵养与生物多样性保护

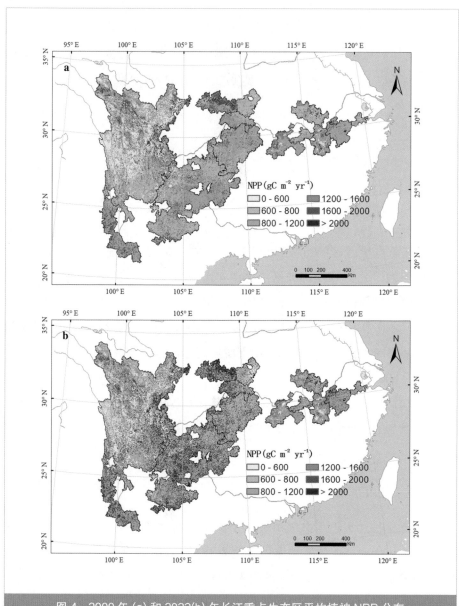

图 4 2000 年 (a) 和 2022(b) 年长江重点生态区平均植被 NPP 分布

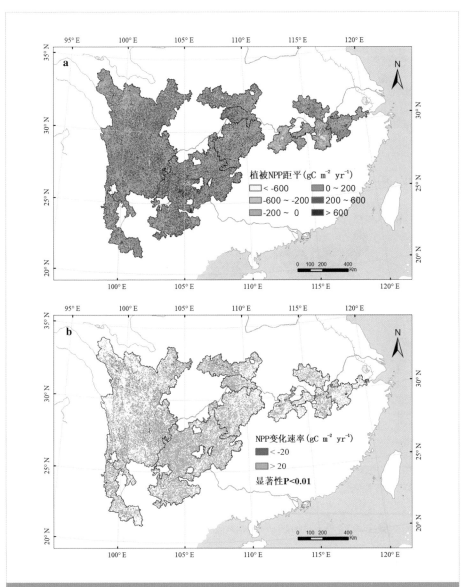

图 5 2022 年长江重点生态区的植被 NPP 距平分布 (a) 和 2000~2022 年长江重点
生态区植被 NPP 显著变化区 (b)

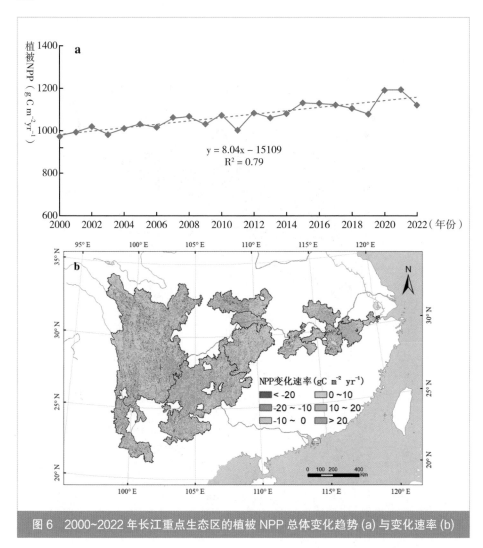

图6　2000~2022年长江重点生态区的植被NPP总体变化趋势(a)与变化速率(b)

区、三峡库区生态综合治理区以及鄱阳湖、洞庭湖等河湖湿地保护和修复区内(见图5b)。

2000~2022年，长江重点生态区植被NPP总体增长速率为8.04 g C m^{-2} yr^{-1}(R^2=0.79，图6a)，NPP变化速率大于10.0 g C m^{-2} yr^{-1}的区域面积占比达45.84%，而变化速率小于零的面积占比达27.57%(见图6b)。

三 长江重点生态区植被覆盖度的时空演变

（一）空间分布

2000~2022 年，长江重点生态区植被覆盖度平均为 0.59，大于我国年均植被覆盖度 0.475。长江重点生态区植被覆盖度总体比较高，仅横断山区水源涵养与生物多样性保护区大部分地区，长江上中游岩溶地区石漠化综合治理区以及鄱阳湖、洞庭湖等河湖湿地保护和修复区部分地区的植被覆盖度低于0.50。2000 年长江重点生态区植被覆盖度为 0.57（见图 7a），2022 年达到 0.62（见图 7b），2022 年相比 2000 年增长 8.8%。

（二）时间动态

2022 年长江重点生态区植被覆盖度距平分析结果表明，植被覆盖度距平值低于 –0.02 的区域面积占比为 15.76%，而距平值为 0~0.05 区间的区域面积占比为 40.32%，距平值大于 0.05 的区域面积占比达 31.52%（见图 8a）。2000~2022 年长江重点生态区植被覆盖度总体呈上升趋势，覆盖度显著上升区的面积占比为 2.86%，而覆盖度显著下降区为 0.30%（见图 8b）。从主要生态工程区来看，横断山区水源涵养与生物多样性保护区的植被覆盖度增速较缓，而长江上中游岩溶地区石漠化综合治理区则增速明显。2000~2022 年，长江重点生态区植被覆盖度平均增长速率为 0.0035 yr^{-1}（R^2 = 0.83, 图 9a），植被覆盖度变化速率小于 0 的区域面积占比为 9.26%，而变化速率为 0~0.01 yr^{-1} 的面积占比高达 87.88%，变化速率大于 0.01 yr^{-1} 的面积占比为 2.86%（见图 9b）。

四 长江重点生态区水土保持的时空演变

（一）空间分布

长江重点生态区的水土保持量存在明显空间差异，中部和北部地区的水土保持量明显优于西部和东部地区（见图 10）。2000~2022 年，长江重点生

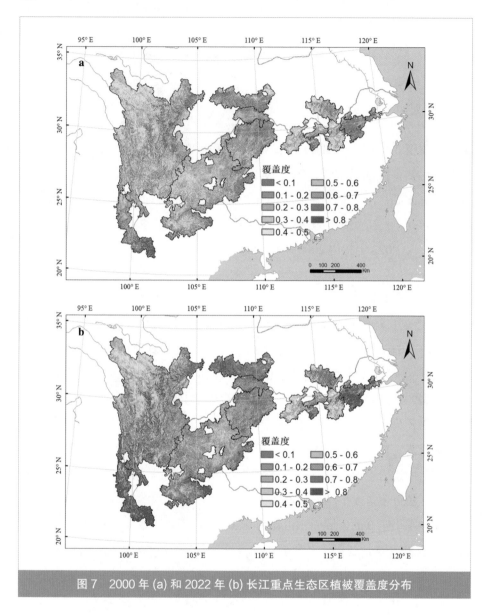

图 7   2000 年 (a) 和 2022 年 (b) 长江重点生态区植被覆盖度分布

态区水土保持量平均为 245.07 t ha^{-1} yr^{-1}，显著大于我国年均水土保持量 108 t ha^{-1} yr^{-1}。其中，武陵山区生物多样性保护区和三峡库区生态综合治理区的年均水土保持量达到 316.16 t ha^{-1} yr^{-1} 和 287.64 t ha^{-1} yr^{-1}，而鄱阳湖、洞庭湖等河

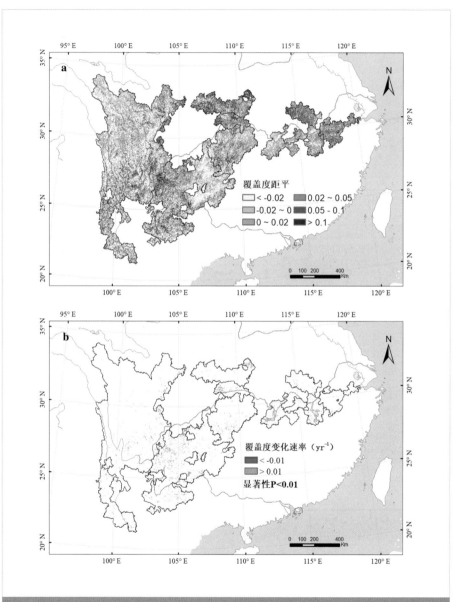

图 8　2022 年长江重点生态区的植被覆盖度距平分布 (a) 和 2000~2022 年长江重点生态区植被覆盖度显著变化区 (b)

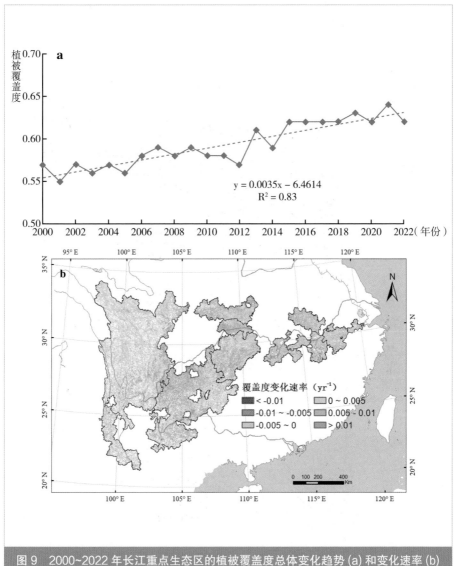

图 9　2000~2022 年长江重点生态区的植被覆盖度总体变化趋势 (a) 和变化速率 (b)

湖湿地保护和修复区的年均水土保持量仅为 102.39 t ha⁻¹ yr⁻¹，存在明显的空间差异。2000 年长江重点生态区的水土保持量均值为 242.29 t ha⁻¹ yr⁻¹（见图 10a），2022 年水土保持量均值为 223.18 t ha⁻¹ yr⁻¹（见图 10b）。

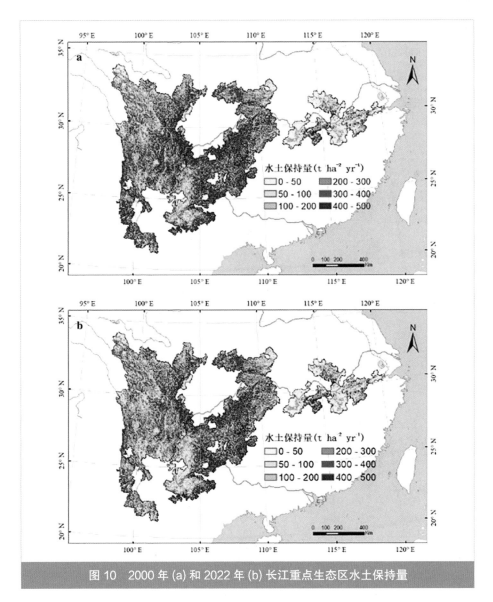

图 10　2000 年 (a) 和 2022 年 (b) 长江重点生态区水土保持量

（二）时间动态

从 2022 年长江重点生态区水土保持量距平来看，水土保持量距平值低于 –50 t ha^{-1} yr^{-1} 的区域面积占比为 15.94%，而距平值为 0~50 t ha^{-1} yr^{-1} 的区域面积占比为 15.56%，距平值大于 50 t ha⁻¹ yr⁻¹ 的区域面积仅为 0.69%（见图 11a）。2000~2022 年，长江重点生态区水土保持量显著变化区存在明显的区域差异，显著降低区域主要位于西部和北部地区，显著增加区域为北部和东部地区，中部地区变化不大（见图 11b）。

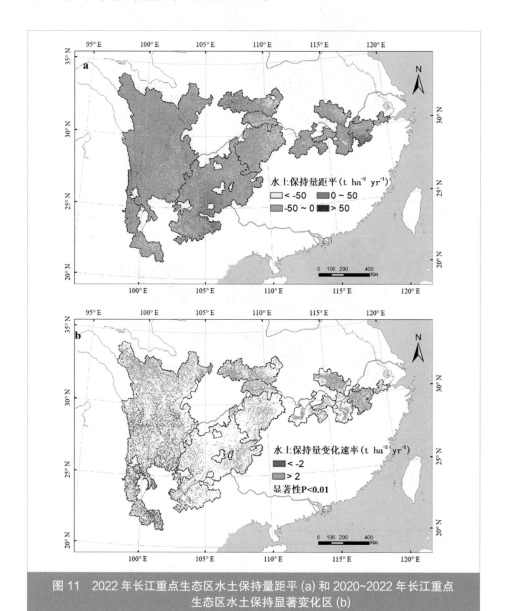

图 11　2022 年长江重点生态区水土保持量距平 (a) 和 2020~2022 年长江重点生态区水土保持显著变化区 (b)

2000~2022 年，长江重点生态区水土保持量呈波动性变化，无显著变化趋势（$R^2 = 0.02$，图 12a），水土保持量变化速率小于 –1.0 t ha^{-1} yr^{-1} 的区域面积占比达 16.20%，而变化速率为 –1~1 t ha^{-1} yr^{-1} 的面积占比达 60.40%，变化速率大于 1.0 t ha^{-1} yr^{-1} 的面积占比为 23.20%（见图 12b）。从主要工程区来看，

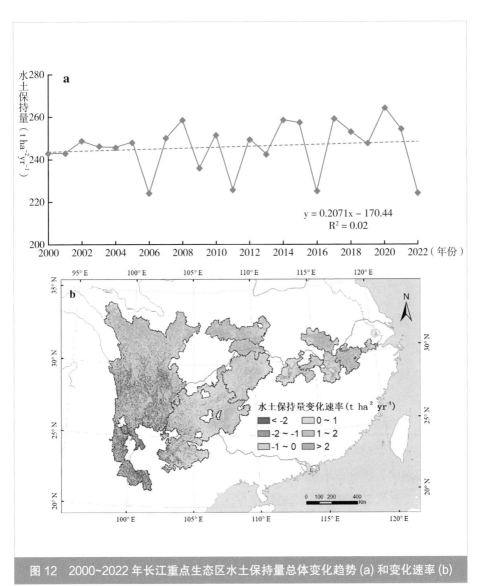

图 12　2000~2022 年长江重点生态区水土保持量总体变化趋势 (a) 和变化速率 (b)

147

大别山—黄山水土保持与生态修复区的增加速率最大（1.83 t ha^{-1} yr^{-1}），横断山区水源涵养与生物多样性保护区和长江上中游岩溶地区石漠化综合治理区为下降趋势，下降速率分别为 –0.27 t ha^{-1} yr^{-1} 和 –0.21 t ha^{-1} yr^{-1}（见图 12b）。

五 长江重点生态区水源涵养的时空演变

（一）空间分布

长江重点生态区水源涵养量整体呈东向西逐渐减小的空间分布特征。2000~2022 年，长江重点生态区水源涵养量平均为 66.82 mm yr^{-1}，大于我国年均水源涵养量 47 mm yr^{-1}。其中，鄱阳湖、洞庭湖等河湖湿地保护和修复区、大别山—黄山水土保持与生态修复区的平均水源涵养量达到 167.27 mm yr^{-1} 和 114.02 mm yr^{-1}，而横断山区水源涵养与生物多样性保护区仅为 39.06 mm yr^{-1}，表明不同区域存在明显差异。2000 年长江重点生态区的水源涵养量均值为 65.0 mm yr^{-1}（见图 13a），2022 年水源涵养量均值为 69.43 mm yr^{-1}（见图 13b），增长率为 6.82%。

（二）时间动态

2022 年长江重点生态区水源涵养量距平分布表明，水源涵养量距平值低于 –10 mm yr^{-1} 的区域面积占比为 9.35%，而距平值为 0~10 mm yr^{-1} 的区域面积占比为 38.90%，距平值大于 20 mm yr^{-1} 的区域面积占比为 6.21%（见图 14a）。2000~2022 年，长江重点生态区植被生态质量显著变化区以增加趋势为主，面积占比为 23.56%；水源涵养量呈减少趋势的面积占比为 6.43%，呈下降趋势的区域主要位于横断山区水源涵养与生物多样性保护区的南部地区和长江上中游岩溶地区石漠化综合治理区的西部地区（见图 14b）。2000~2022 年，长江重点生态区水源涵养量平均增长速率为 0.204 mm yr^{-1}（见图 15a），水源涵养量变化速率小于 –0.50 mm yr^{-1} 的区域面积占比达 6.43%，而变化速率介于 0~0.5 mm yr^{-1} 的面积占比达 43.21%，水源涵养量变化速率大于 0.50 mm yr^{-1} 的面积占比为 23.56%（见图 15b）。从主要生态工程区来看，大别山—黄山水土

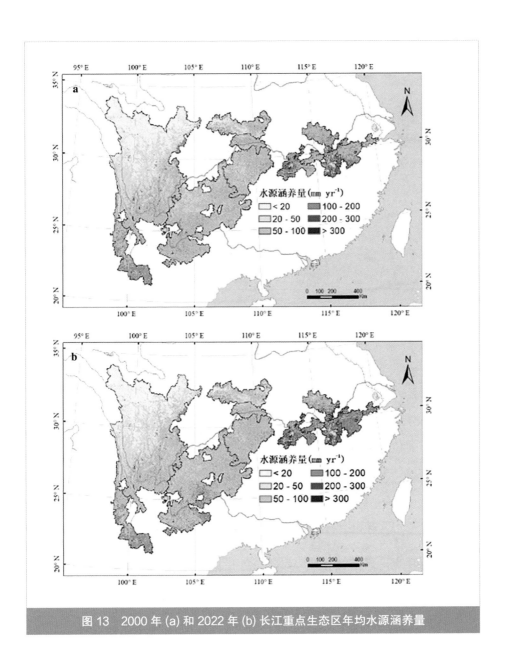

图 13 2000 年 (a) 和 2022 年 (b) 长江重点生态区年均水源涵养量

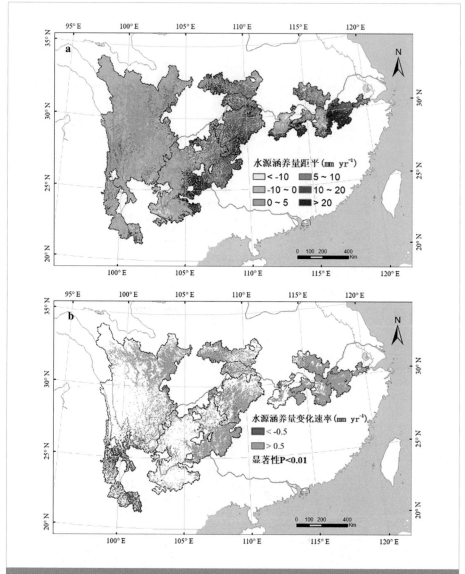

图 14　2022 年长江重点生态区水源涵养量距平 (a) 和 2000~2022 年长江重点
生态区水源涵养量显著变化区 (b)

保持与生态修复区的增加速率最大（0.87 mm yr^{-1}），长江上中游岩溶地区石漠化综合治理区仅为 0.07 mm yr^{-1}。2000~2022 年，长江重点生态区植被生态质量变化速率整体上呈上升趋势，仅有少部分地区出现下降趋势（见图 15b）。

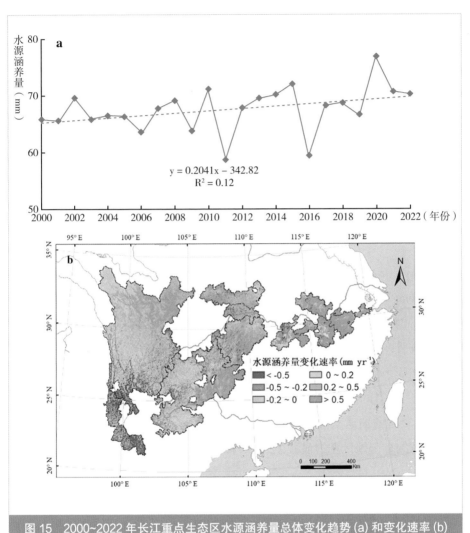

图 15　2000~2022 年长江重点生态区水源涵养量总体变化趋势 (a) 和变化速率 (b)

六　气候变化对长江重点生态区植被生态质量的影响

（一）长江重点生态区气候变化趋势

2000~2022 年，长江重点生态区年均降水量为 1096.5 mm，呈现出明显的空间差异。2000~2022 年降水量为 400~800 mm 的区域占比为 14.69%，主要位于横断山区水源涵养与生物多样性保护区；降水量为 800~1200 mm 的区域面积占比为 49.36%，降水量大于 1400 mm 的区域面积占比为 13.57%，主要分布在鄱阳湖、洞庭湖等河湖湿地保护和修复区、长江上中游岩溶地区石漠化综合治理区（见图 16a）。2000~2022 年均气温为 11.78℃，呈东高西低的空间格局（见图 16b）。年均气温低于 5.0℃的区域面积占比为 19.50%，主要分布在横断山区水源涵养与生物多样性保护区；年均气温为 5.0~10℃的区域面积占比为 2.19%，主要分布在长江上中游岩溶地区石漠化综合治理区；年均气温为 10~20℃的面积占比为 68.54%，主要分布在长江重点生态区的中部地区。

2000~2022 年长江重点生态区年降水量整体呈增加趋势，年均增加速率为 5.99 mm yr^{-1}（见图 17a）。年降水量呈减少趋势的地区主要集中在长江重点生态区的南部和西部地区，降水量呈增加趋势的地区主要集中在东部和北部地区，并且东部地区降水增加趋势更为明显（见图 17b）。2000~2022 年长江重点生态区年均气温整体呈明显增加趋势，年均增速达 0.04 ℃ yr^{-1}（$R^2 = 0.18$，图 18a）。在空间分布上，年均气温呈减少趋势的地区仅占到区域总面积的 1.49%，气温增加速率大于 0.05 ℃ yr^{-1} 的区域面积达 27.07%，特别是长江重点生态区的东部地区尤为显著（见图 18b）。

（二）影响长江重点生态区植被生态质量的主要气候因子

长江重点生态区植被生态质量与年均温和年降水量均呈显著相关关系（见表 1）。其中，植被生态质量与年均气温、年降水量呈显著正相关关系，皮尔逊相关系数分别为 0.669 和 0.724；与日照时数、太阳辐射、风速呈不显著负相关关系。因此，年降水量和年均气温是影响长江重点生态区植被生态质量的主要气候因子。由于植被生态质量与年均气温和年降水量都呈显著正相关关系，长江重点生态区气候暖湿化有助于植被生态质量的提升。

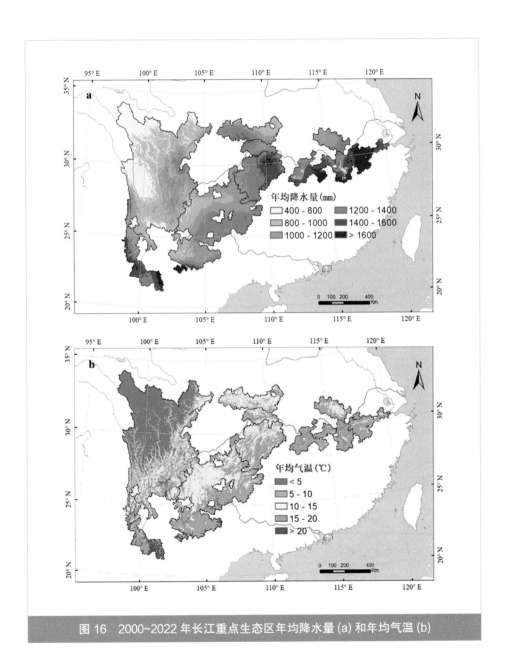

图 16 2000~2022 年长江重点生态区年均降水量 (a) 和年均气温 (b)

153

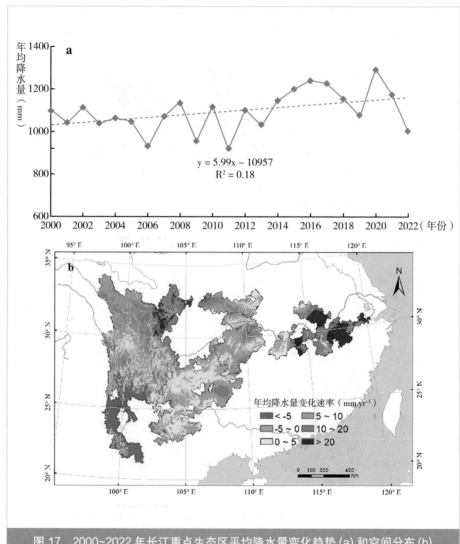

图 17　2000~2022 年长江重点生态区平均降水量变化趋势 (a) 和空间分布 (b)

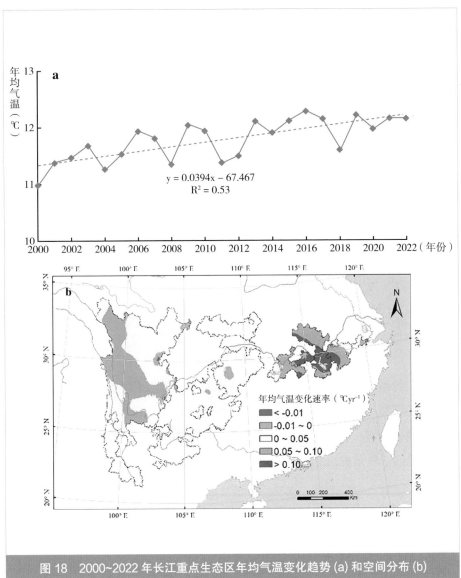

图 18　2000~2022 年长江重点生态区年均气温变化趋势 (a) 和空间分布 (b)

表 1　2000~2022 年长江重点生态区植被生态质量与主要气象因子的相关性

植被生态质量	皮尔逊相关		斯皮尔曼相关		肯德尔等级相关	
	样本数据 202 个					
	相关系数	显著性（双侧）	相关系数	显著性（双侧）	相关系数	显著性（双侧）
年均温	0.669***	< 0.001	0.663***	< 0.001	0.502***	< 0.001
年降水量	0.724***	< 0.001	0.734***	< 0.001	0.549***	< 0.001
日照时数	−0.091	0.057	−0.133	−	−0.078	0.010
太阳辐射	−0.087	0.054	−0.097**	−	−0.056	0.064
风速	−0.042	0.359	−0.160	−	−0.108	< 0.005

（三）长江重点生态区植被生态质量变化的气象贡献率

2000~2022 年长江重点生态区植被生态质量变化的气象贡献率为 45.88%（见图 19a）。气象条件对植被生态质量的影响主要以中度正贡献（0.1 <气象贡献率≤1）为主，面积占比达 55.80%；其次是高度正贡献区域（气象贡献率>1），面积占比为 16.80%，而气象条件无明显贡献区域（−0.1 <气象贡献率< 0.1）占比为 12.20%，中度（−1.0 ≤气象贡献率< −0.1）和高度负贡献（气象贡献率< −1）区域占比分别为 10.90% 和 4.30%，主要分布在四川省中北部、贵州省西南部和湖北省北部（见图 19a）。2000~2022 年，气象贡献率增加的区域面积比例达 47.3%，主要分布在四川省东南部、云南省北部和湖北省北部地区，而气象贡献率减少的区域面积比例达 52.7%，主要分布在四川省北部、贵州省东北部和湖南省西部等地区（见图 19b）。

七　人类活动对长江重点生态区植被生态质量的影响

（一）土地利用变化的影响

2000~2020 年，长江重点生态区农田转化为森林、草地和湿地等土地利用类型的面积约为 11.11 万平方公里，由其他土地类型转化为农田的面积约为 10.63 万平方公里，农田净减少面积约为 0.48 万平方公里。聚落、森林和水体

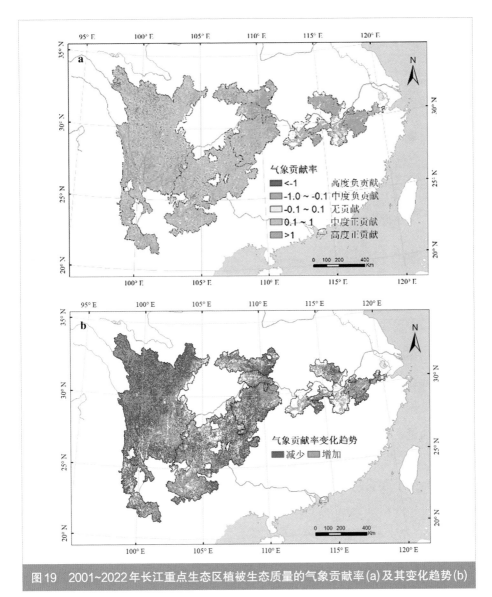

图19 2001~2022年长江重点生态区植被生态质量的气象贡献率(a)及其变化趋势(b)

的净增加面积分别约为0.71万、0.46万和0.21万平方公里。然而，草地和荒漠的净减少面积分别约为0.82万平方公里和0.17万平方公里（见表2）。总体来看，森林面积的增加和荒漠面积的减少是长江重点生态区植被生态质量呈增加趋势的主要原因。

表2　2000~2020年长江重点生态区土地利用类型转移矩阵

单位：平方公里

		2020年							
		农田	森林	草地	水体	荒漠	聚落	湿地	合计
2000年	农田	–	71606	28084	3800	82	6757	723	111052
	森林	70128	–	81437	2843	1524	2776	302	159010
	草地	29590	87328	–	1736	6502	1350	742	127248
	水体	2890	1536	1025	–	174	410	1761	7796
	荒漠	75	2011	7562	274	–	6	116	10044
	聚落	2735	877	397	250	2	–	56	4317
	湿地	848	225	587	1027	90	81	–	2858
	合计	106266	163583	119092	9930	8374	11380	3700	

（二）生态工程的影响

据历史记载，长江上游地区的森林覆盖率曾超过50%，20世纪60年代初期下降到10%左右，1989年森林覆盖率提高到19.9%。20世纪50年代，长江流域水土流失面积为36万平方公里，80年代达到62万平方公里，年土壤侵蚀量达24亿吨。由于人口密度大，土地负载过重，长江流域的资源利用与环境保护面临严峻的挑战。为此，我国政府于1989年启动了长江流域防护林体系建设一期工程，二期工程（2001~2010年）建设范围扩大到长江、淮河、钱塘江流域，涉及17个省（市）的1035个县（市、区），并于2011~2020年进行了三期工程规划实施，累计完成造林面积约11.84万平方公里，有效提升了长江重点生态区的森林植被覆盖。同时，水土流失及岩溶地区石漠化治理、退耕还林还草、水土保持、河湖和湿地生态保护修复等工程的实施，也促进了该地区植被生态质量的提升。2000~2022年，长江重点生态区植被生态质量明显改善，呈增加速率的区域面积占比为81.1%，反映出生态工程实施对长江重点生态区植被恢复的促进作用。

B.7
东北森林带植被生态质量及其归因分析

摘　要： 东北森林带2000~2022年植被生态质量平均值为278.1 g C m⁻²yr⁻¹，增加速率为 3.67 g C m⁻²yr⁻¹，呈南部向北部减少趋势，松嫩平原和长白山主脉森林植被生态质量最好。植被 NPP 为 817 g C m⁻²yr⁻¹，增加速率为 7.3 g C m⁻²yr⁻¹，均超过全国平均值；覆盖度为 0.460，增加速率为 0.0031yr⁻¹，均低于全国平均值。植被水土保持量为 67.6 t ha⁻¹yr⁻¹，低于全国平均值，增加速率为 0.99 t ha⁻¹yr⁻¹，高于全国平均值；水源涵养量为 29.6 mm yr⁻¹，低于全国平均值，增加速率为 0.20 mm yr⁻¹，高于全国平均值。东北森林带气候暖湿化趋势明显，植被生态质量与年降水量、相对湿度呈显著正相关关系。植被生态质量变化的气象贡献率为 41.39%。

关键词： 植被生态质量　气候暖湿化　气象贡献率　生态工程　东北森林带

东北森林带是我国生态安全战略格局"两屏三带"、重要生态系统保护和修复重大工程总体布局"三区四带"中唯一的森林带，生态地位极其重要，在生态文明和美丽中国建设大局中具有举足轻重的战略地位。东北森林带位于我国东北部，涉及黑龙江省、吉林省、辽宁省和内蒙古自治区 4 个省（区），地貌类型多样，含大小兴安岭森林、长白山森林和三江平原湿地等 3 个国家重点生态功能区，是我国重要的森林分布区和粮食、大豆、畜牧业生产基地，也是我国沼泽湿地最丰富、最集中的区域，还是我国气候变化的敏感区和重要的碳汇区［《全国重要生态系统保护和修复重大工程总体规划（2021-2035 年）》，2020］。在保障国防安全、粮食安全、生态安全、能源安全和产业安全等方面具有至关重要的作用 (朱教君，2022)。

东北森林带温带季风气候显著，位于中国东部季风区的最北部，自南向北跨中温带和寒温带，夏季温热多雨、冬季寒冷干燥，≥10℃积温1100~3200℃，降水量在400~1000mm，冬季寒冷漫长，春、夏、秋短促。生长季短，植物生长缓慢。土壤分布有暗棕壤、白浆土和黑土。东北森林带随纬度由高到低，森林呈地带性分布，分别为寒温带针叶林、中温带针阔混交林。东北森林带北御西伯利亚寒流、内蒙古寒风，南阻太平洋热浪，西防黄沙进犯，对调节东北、华北平原气候，维系松嫩平原、三江平原、呼伦贝尔草原良好生态环境具有重要作用。党的十八大以来，在习近平生态文明思想指引下，持续加强森林、草原、湿地等重要生态系统保护修复，东北森林带重点生态功能区生态服务功能稳步提升，东北生态安全屏障不断稳固。

地形、地表植被和气象等因素是东北森林带生态脆弱性空间分布的主要影响因素，其中植被净第一性生产力与生境质量是影响生态脆弱性的重要自然指标。除自然因素外，东北森林带还受土地利用类型的显著影响，可能与东北森林带耕地面积的不断扩张有关，体现出人类活动对东北森林带影响的范围正在逐渐扩大（朱琪，2021）。评估东北森林带植被生态质量变化趋势、变化速率、变化程度、驱动机制以及植被生态质量变化的气象贡献率等是进一步提升东北森林带生态环境质量和开展生态系统保护和修复的重要基础。本报告将重点评估2000年以来东北森林带植被生态质量时空格局及其对气候变化、土地利用和生态工程的响应，为东北森林带生态保护与恢复工程的科学规划与建设提供依据。

一 东北森林带植被生态质量的时空演变

（一）空间分布

2000~2022年东北森林带的植被生态质量（不含农田）平均为278.1 g C $m^{-2}yr^{-1}$，低于全国平均的植被生态质量（不含农田）467 g C $m^{-2}yr^{-1}$。东北森林带植被生态质量存在显著的空间分异，呈自高纬度向低纬度逐渐增强的趋势（见图1）。松嫩平原和长白山森林带的植被生态质量较高，为200~600 g C

$m^{-2}yr^{-1}$，其中松嫩平原和长白山主脉森林植被生态质量最好，一般在 $400\sim600$ g C $m^{-2}yr^{-1}$；三江平原重要湿地保护区植被生态质量相对较低，在 $30\sim300$ g C $m^{-2}yr^{-1}$，其中嫩江中游退化草原湿地南部存在小于 30 g C $m^{-2}yr^{-1}$ 的区域；大小兴安岭森林生态保育区的植被生态质量呈东高西低及南北高、中间低的空间格局，植被生态质量在 $400\sim600$ g C $m^{-2}yr^{-1}$，其中岭南林草过渡带植被生态质量最高，多为 $400\sim600$ g C $m^{-2}yr^{-1}$。

（二）时间动态

2000 年以来东北森林带的植被生态质量总体持续改善，呈稳中向好趋势。2022 年东北森林带植被生态质量总体偏好，约 78.9% 区域的植被生态质量高于多年平均值。大小兴安岭东部和嫩江中游退化草原湿地南部一些区域的植被生态质量相对较差，低于多年平均值（见图 2a）。2000~2022 年，东北森林带约 90% 区域的植被生态质量呈显著增加趋势，其中长白山主脉和辽东重要水源地的植被生态质量增加趋势最大。东北森林带植被生态质量显著减少的区域主要分布在大小兴安岭东南侧区域。2000 年和 2022 年东北森林带植被生态质量平均值分别为 282.19 g C $m^{-2}yr^{-1}$ 和 333.34 g C $m^{-2}yr^{-1}$，植被生态质量呈现显著变好趋势。

2000~2022 年，东北森林带的植被生态质量变化速率平均为 3.67 g C $m^{-2}yr^{-1}$，其中大小兴安岭东南侧和长白山东部森林的植被生态质量增加速率较小，一般小于 5 g C $m^{-2}yr^{-1}$（见图 3a）。植被生态质量增加速率大于 5 g C $m^{-2}yr^{-1}$ 的显著变化区主要分布在东北森林带的辽东重要水源带、松嫩平原和大小兴安岭西侧地区，植被生态质量增加速率一般在 5 ~ 54 g C $m^{-2}yr^{-1}$（见图 3b）。总体而言，东北森林带西侧地区的植被生态质量增加速率更显著。

二 东北森林带植被净初级生产力的时空演变

（一）空间分布

2000~2022 年，东北森林带的植被净初级生产力（NPP）平均为 817.0 gC

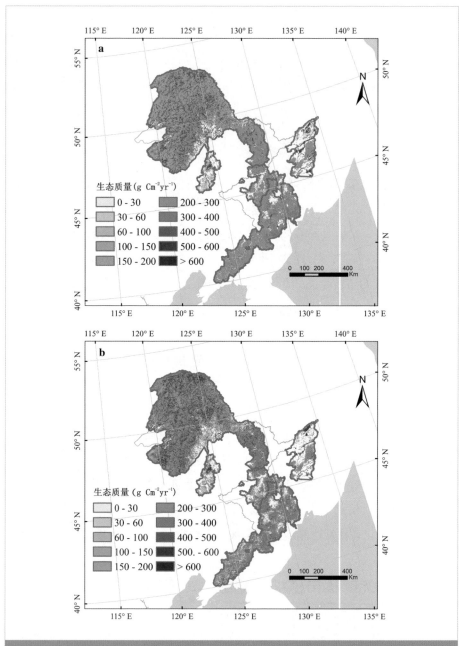

图 1　2000 年 (a) 和 2022 年 (b) 东北森林带（不含农田）植被生态质量分布

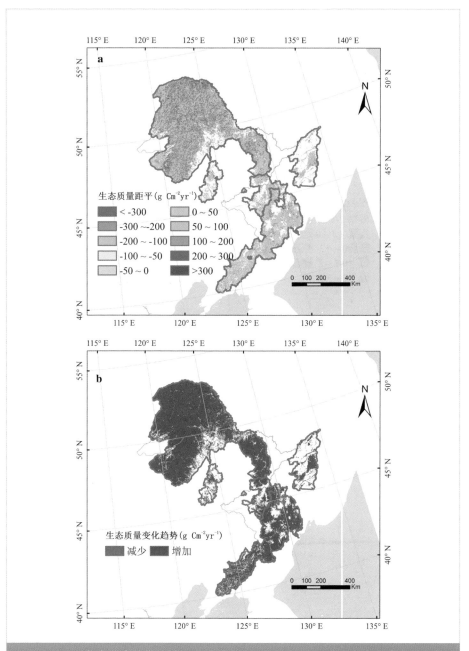

图 2　2022 年东北森林带植被生态质量距平 (a) 和 2000~2022 年东北森林带植被
生态质量变化趋势 (b)

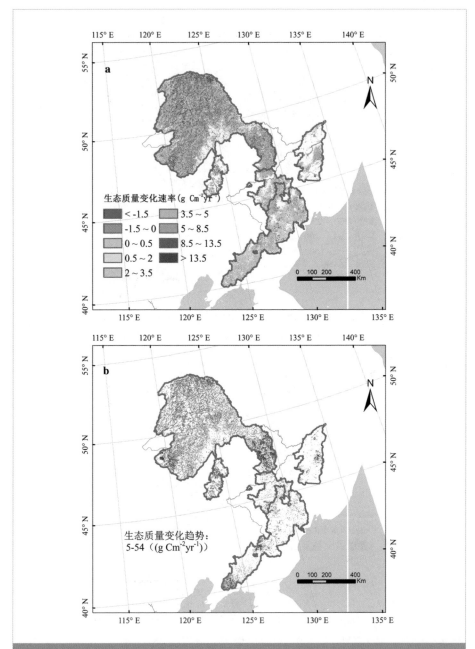

图 3　2000~2022 年东北森林带植被生态质量变化速率 (a) 和植被生态质量显著增加区 (b)

m⁻²yr⁻¹，高于全国平均的植被 NPP 662.5 g C m⁻²yr⁻¹。东北森林带植被 NPP 空间差异显著，呈东高西低的分布格局。大小兴安岭岭南林草过渡带和松花江下游、乌苏里江森林湿地地区植被 NPP 相对较高，一般大于 1200 g C m⁻²yr⁻¹，部分区域植被 NPP 大于 2000 g C m⁻²yr⁻¹。大兴安岭东部地区、小兴安岭地区、长白山森林生态区东南部植被 NPP 相对较低，一般在 400~800 g C m⁻²yr⁻¹（见图 4）。

（二）时间动态

东北森林带植被 NPP 年际变化显著。2022 年，东北森林带植被 NPP 总体偏好，约 77.6% 区域的植被 NPP 高于多年平均值。仅大兴安岭东侧中部、小兴安岭南部区域和松嫩平原北部部分区域植被 NPP 低于多年平均值（见图 5a）。2000~2022 年，东北森林带植被 NPP 持续升高，约 88.3% 区域的植被 NPP 呈现升高趋势。其中，大小兴安岭大部分地区、三江平原、松嫩平原，以及长白山森林大部分区域的植被 NPP 升高趋势显著，上升速率超过 15 g C m⁻²yr⁻¹（P<0.01）。仅有大兴安岭、长白山森林生态区北侧等其中少数区域的植被 NPP 呈下降趋势，下降速率超过 15 g C m⁻²yr⁻¹（见图 5b 和图 6a）。

总体上，2000~2022 年，东北森林带植被 NPP 由 2000 年的 754.85g C m⁻²yr⁻¹ 增加到 2022 年的 935.59g C m⁻²yr⁻¹，增加幅度达 23.9%，平均增加速率为 7.3 g C m⁻²yr⁻¹（R²=0.7967）（见图 6b），远远超过全国平均的植被 NPP 增加速率 2.7g C m⁻²yr⁻¹。

三 东北森林带植被覆盖度的时空演变

（一）空间分布

2000~2022 年东北森林带的植被覆盖度平均为 0.460，低于全国平均的植被覆盖度 0.475。东北森林带植被覆盖度空间差异性非常显著，呈南高北低、东部和西部低、中部高的空间分布。中部植被覆盖度相对较高，其中长白山森林生态区、小兴安岭森林湿地区、大兴安岭中部、松嫩平原南部、北部区

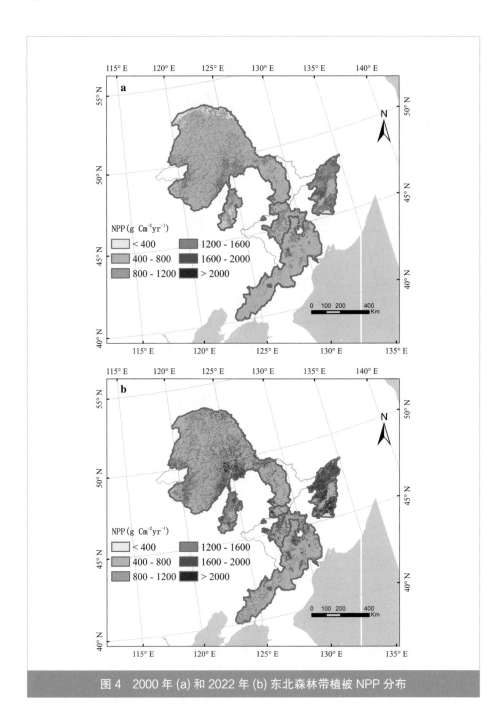

图 4 2000 年 (a) 和 2022 年 (b) 东北森林带植被 NPP 分布

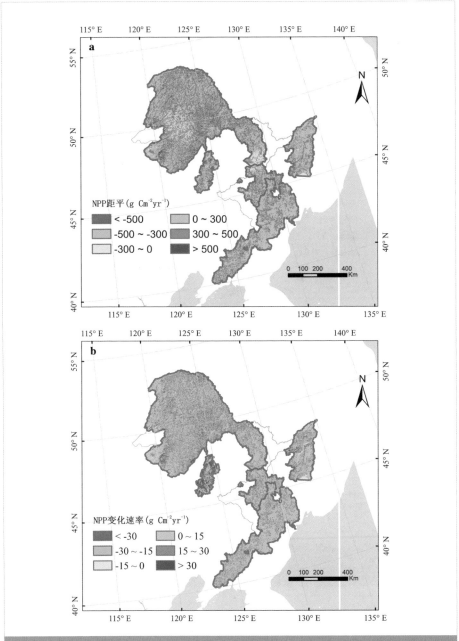

图 5　2022 年东北森林带植被 NPP 距平 (a) 和 2000~2022 年东北森林带植被
NPP 变化速率 (b)

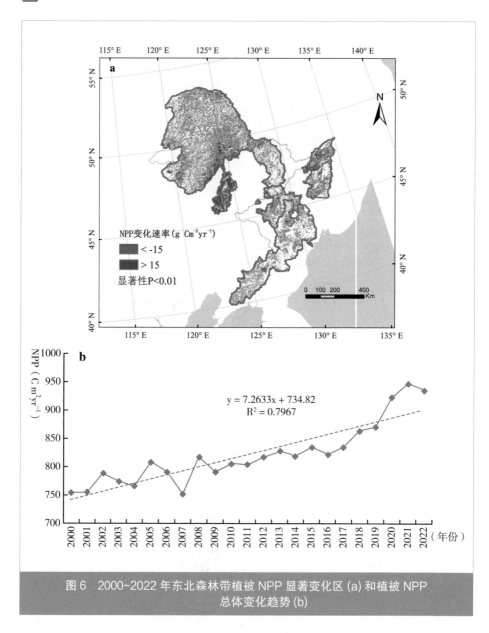

图 6　2000~2022 年东北森林带植被 NPP 显著变化区 (a) 和植被 NPP
总体变化趋势 (b)

域植被覆盖度一般为 0.4~0.7，部分区域植被覆盖度超过 0.7。大兴安岭东西侧、三江平原大部分区域及松嫩平原森林湿地中部植被覆盖度较低，一般在 0.2~0.4，其中嫩江平原退化草原湿地南侧部分区域小于 0.2（见图 7）。

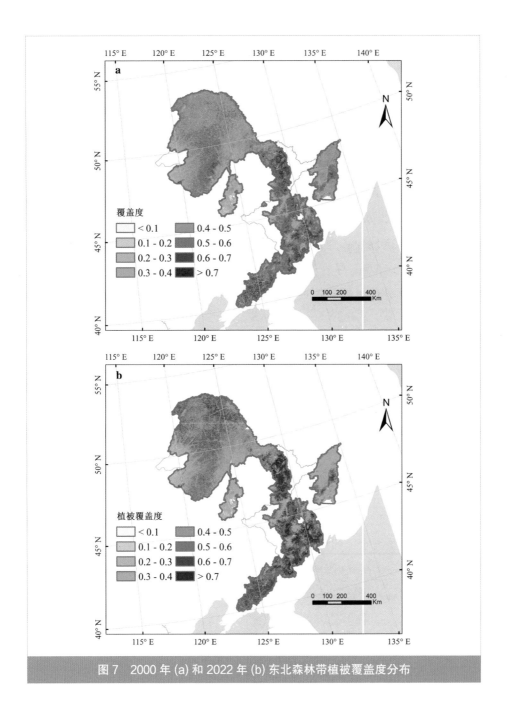

图 7　2000 年 (a) 和 2022 年 (b) 东北森林带植被覆盖度分布

（二）时间动态

东北森林带植被覆盖度年际变化较为显著。2022 年，东北森林带植被覆盖度总体偏好，约 82.6% 区域的植被覆盖度高于多年平均值。仅大兴安岭东侧、小兴安岭北侧、松花江下游湿地北侧个别区域，植被覆盖度低于多年平均值（见图 8a）。2000~2022 年，东北森林带植被覆盖度持续升高，约 92.1% 区域的植被覆盖度呈现升高趋势。其中，大兴安岭北侧、小兴安岭南侧、长白山森林生态区、嫩江中游退化草原湿地南侧等区域的植被覆盖度升高趋势最显著，上升速率超过 0.005 yr^{-1}，尤其是大兴安岭北侧、小兴安岭南侧、长白山主脉森林的局部区域植被覆盖度上升速率超过 0.01 yr^{-1}（P<0.01）。尽管大兴安岭东部、松花江下游湿地、松嫩平原森林湿地西部部分地区植被覆盖度有下降趋势，但是下降速率较小（见图 8b & 图 9a）。

总体上，2000~2022 年，东北森林带植被覆盖度由 2000 年的 0.48 增加到 2022 年的 0.49，增加幅度达 2.1%，增加速率为 0.0031yr^{-1}（R^2=0.5204）（见图 9b），低于全国平均的植被覆盖度增加速率 0.0035yr^{-1}。

四 东北森林带水土保持的时空演变

（一）空间分布

2000~2022 年，东北森林带的植被水土保持量平均为 67.6 t $ha^{-1}yr^{-1}$，远低于全国平均的植被水土保持量 108 t $ha^{-1}yr^{-1}$。东北森林带植被水土保持量空间差异性明显，呈南高北低分布格局，其中长白山森林生态区、大兴安岭中部、小兴安岭南部以及松嫩平原南侧地区植被水土保持量相对较高，一般大于 50 t $ha^{-1}yr^{-1}$，长白山森林生态区南部植被水土保持量一般大于 300 t $ha^{-1}yr^{-1}$。大兴安岭西北部和东部、小兴安岭北部、三江平原地区、松嫩平原西北部植被水土保持量较低，一般小于 20 t $ha^{-1}yr^{-1}$（见图 10）。

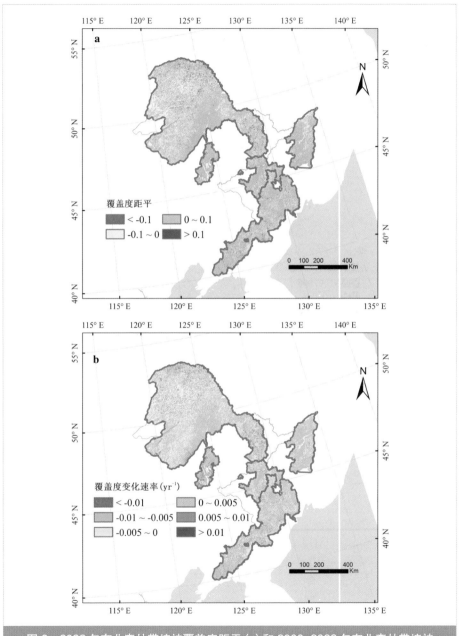

图 8　2022 年东北森林带植被覆盖度距平 (a) 和 2000~2022 年东北森林带植被
覆盖度变化速率 (b)

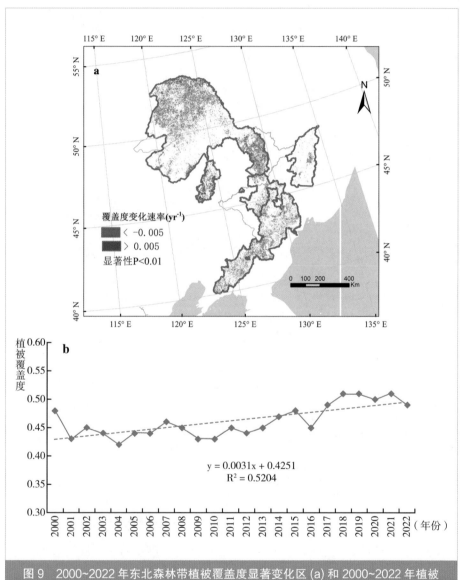

图 9　2000~2022 年东北森林带植被覆盖度显著变化区 (a) 和 2000~2022 年植被
覆盖度总体变化趋势 (b)

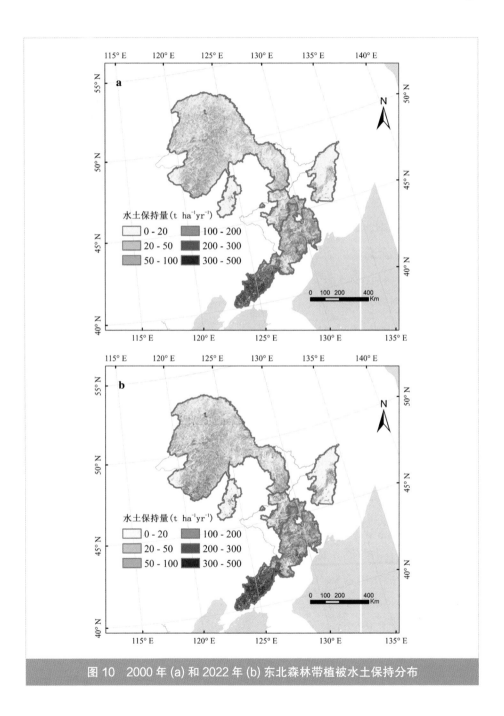

图 10　2000 年 (a) 和 2022 年 (b) 东北森林带植被水土保持分布

（二）时间动态

东北森林带植被水土保持的年际变化较为明显。2022年，东北森林带植被水土保持量总体偏好，约50.9%区域的植被水土保持量高于多年平均值。其中，长白山森林生态区、大兴安岭东北部、小兴安岭中部、松嫩平原、嫩江中游南部、松花江下游及乌苏里江北部等区域植被水土保持量显著高于多年平均值（见图11a）。2000~2022年，东北森林带植被水土保持量发生了明显变化，约89.4%区域的植被水土保持量呈现升高趋势。其中，大兴安岭北部、小兴安岭北部、长白山森林生态区中北部、松嫩平原南北侧及乌苏里江西北部等区域的植被水土保持量升高趋势最显著，增加速率超过 $2\,t\,ha^{-1}yr^{-1}$。但是，大兴安岭北部、小兴安岭北部和长白山森林生态区南部植被水土保持量有下降趋势，尤其是辽东地区植被水土保持量呈现显著下降趋势，下降速率一般超过 $2\,t\,ha^{-1}yr^{-1}$（见图11b和图12a）。

总体上，2000~2022年，东北森林带植被水土保持量由2000年的55.29 t $ha^{-1}yr^{-1}$ 增加到2022年的73.82 t $ha^{-1}yr^{-1}$，增加幅度达33.5%，平均增加速率为 $0.99\,t\,ha^{-1}yr^{-1}$（ R^2=0.3937）（见图12b），远高于全国平均的植被水土保持量增加速率 $0.2\,t\,ha^{-1}yr^{-1}$。

五　东北森林带水源涵养的时空演变

（一）空间分布

2000~2022年，东北森林带的水源涵养量平均为29.6 mm yr^{-1}，明显低于全国平均的植被水源涵养量47mm yr^{-1}。东北森林带的水源涵养量呈南高北低的分布格局。长白山森林生态区西北部、大兴安岭东南部小部分区域、松嫩平原南部、嫩江中游北部、松花江下游和乌苏里江东南部等区域的植被水源涵养量一般为60~120 mm yr^{-1}。大小兴安岭大部分地区、长白山森林生态区东部、松嫩平原北部及乌苏里江东北部地区水源涵养量较低，一般为0~50 mm yr^{-1}，其中大小兴安岭、长白山森林生态区东北部及乌苏里江东北部地区水源涵养量一般为0~20 mm yr^{-1}。

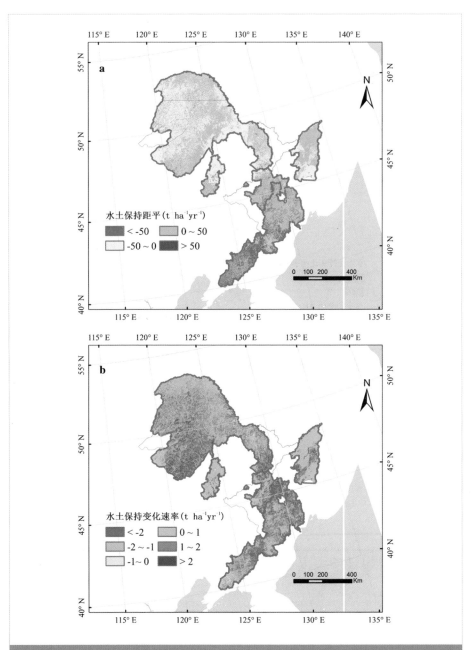

图 11　2022 年东北森林带植被水土保持距平 (a) 和 2000~2022 年东北森林带植被
水土保持变化速率 (b)

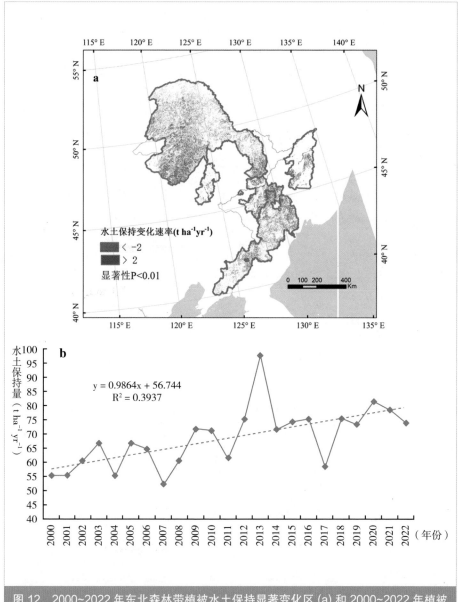

图 12　2000~2022 年东北森林带植被水土保持显著变化区 (a) 和 2000~2022 年植被水土保持总体变化趋势 (b)

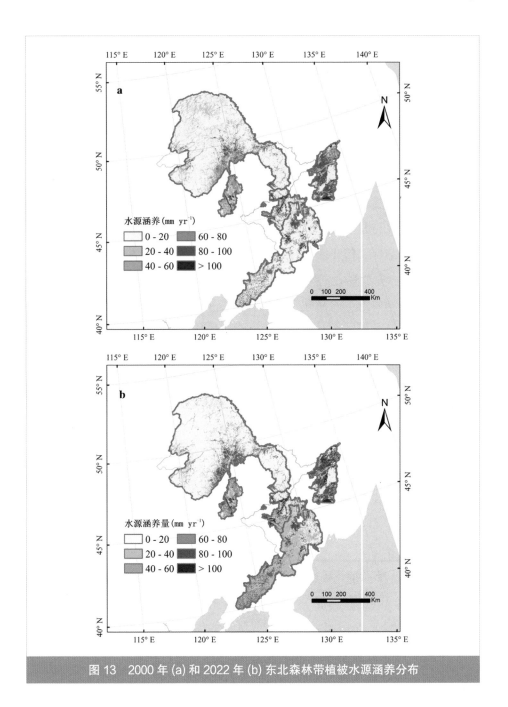

图 13 2000 年 (a) 和 2022 年 (b) 东北森林带植被水源涵养分布

（二）时间动态

东北森林带植被水源涵养的年际波动明显，最大波动幅度达 6.84 mm yr^{-1}。2022 年，东北森林带植被水源涵养量较多年平均值偏高，但只有 41.5% 区域的植被水源涵养量高于多年平均值。其中，长白山森林生态区、小兴安岭南部、松嫩平原南部、嫩江中游南部、松花江下游及乌苏里江北部和西南部等区域的植被水源涵养量显著高于多年平均值（见图 14a）。

2000~2022 年，东北森林带植被水源涵养量发生明显变化，约 58.0% 区域的植被水土保持量呈现升高趋势。其中，大兴安岭东南部、长白山东部森林、松嫩平原南部、松花江下游、乌苏里江西南部及嫩江中游等区域的植被水源涵养量升高趋势显著，增加速率超过 0.5 mm yr^{-1}（P< 0.01）。但是，大兴安岭西南部区域植被水源涵养有下降趋势，尤其是额尔古纳河流域部分区域植被水源涵养量呈现显著下降趋势，下降速率超过 0.5 mm yr^{-1}（P< 0.01）（见图 14b & 图 15a）。

总体上，2000~2022 年，东北森林带植被水源涵养量由 2000 年的 28.79 mm yr^{-1} 增加到 2022 年的 32.2 mm yr^{-1}，增加幅度达 11.8%，增加速率为 0.20 mm yr^{-1}（R^2=0.4184），远高于全国平均的植被水源涵养量增加速率 0.12 mm yr^{-1}（见图 15b）。

六　气候变化对东北森林带植被生态质量的影响

（一）东北森林带气候变化趋势

2000~2022 年，东北森林带年均气温年际波动较大，增加速率为 0.035℃ yr^{-1}（R^2=0.1524）（见图 16a），远超 1951~2021 年均增温速率（0.15 ℃ 10 yr^{-1}），约为全球平均增温速率的 2 倍。2000~2022 年东北森林带约 91% 区域的年均气温呈显著增加趋势，增加速率在 0~0.129 ℃ yr^{-1}。东北森林带约 84% 区域的年均气温增加速率超过全球平均增温速率（0.02 ℃ yr^{-1}）（见图 16b）。

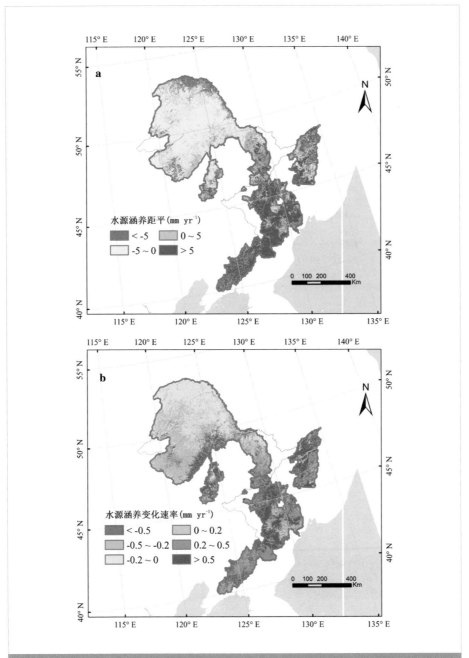

图 14　2022 年东北森林带植被水源涵养距平 (a) 和 2000~2022 年东北森林带植被
水源涵养变化速率 (b)

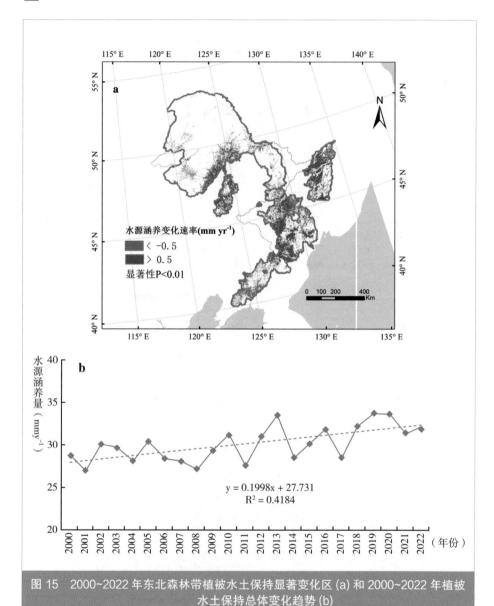

图 15　2000~2022 年东北森林带植被水土保持显著变化区 (a) 和 2000~2022 年植被水土保持总体变化趋势 (b)

2000~2022 年，东北森林带多年平均降水量 541mm，平均年降水增加速率为 10.88 mm yr^{-1}（见图 17a），约为 1961~2021 年中国平均年降水量增加速率（5.5 mm 10 yr^{-1}）的 20 倍。约 99.87% 区域的年降水量呈明显增加趋势，增加速率为 0~33 mmyr^{-1}，55% 区域的年降水量增加速率在 10 mmyr^{-1} 以上（见图 17b）。

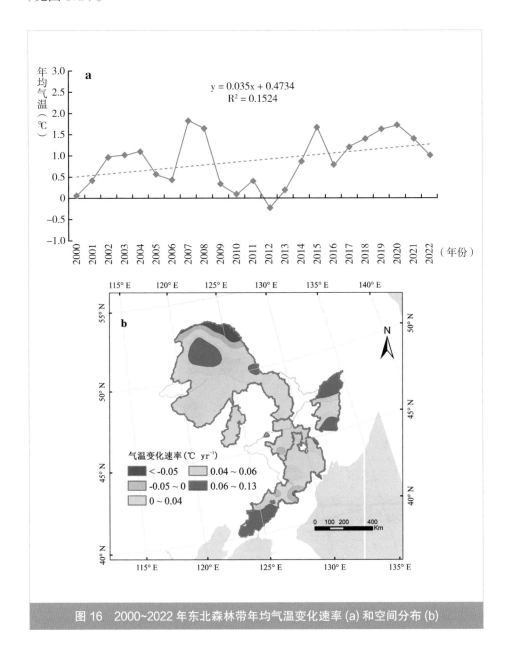

图 16 2000~2022 年东北森林带年均气温变化速率 (a) 和空间分布 (b)

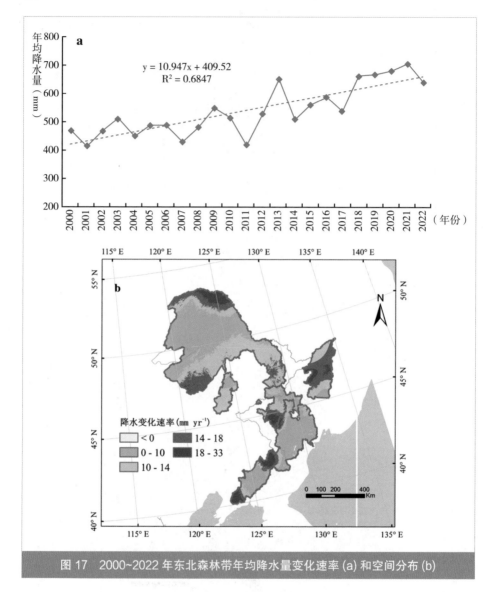

图 17 2000~2022 年东北森林带年均降水量变化速率 (a) 和空间分布 (b)

（二）影响东北森林带植被生态质量的主要气候因子

气候变化是影响东北森林带植被的重要因素。东北森林带植被生态质量与年降水量、日照时数、相对湿度呈显著相关关系。其中，植被生态质量与年降水量和相对湿度呈显著正相关关系,皮尔逊相关系数分别为0.207($P<0.01$)和0.157($P<0.05$),表明降水量的增加有利于东北森林带植被生态质量的改善(见表1)。

植被生态质量与日照时数呈显著负相关关系,皮尔逊相关系数为-0.193($P<0.05$),表明日照时数减少有助于东北森林带植被生态质量的改善。植被生态质量与年均温和太阳辐射相关性较低,表明气候变暖和太阳辐射的变化对东北森林带植被生态质量影响不显著(见表1)。因此,年降水量、日照时数和相对湿度是影响东北森林带植被生态质量的主要因子,其中年降水量对东北森林带植被生态质量的影响最大。

表 1　植被生态质量与气候因子之间的相关性

生态质量	皮尔逊相关		斯皮尔曼相关		肯德尔等级相关	
	样本数173个					
	相关系数	显著性(双侧)	相关系数	显著性(双侧)	相关系数	显著性(双侧)
年均温	0.133	0.082	0.402**	< 0.001	0.278**	< 0.001
年降水量	0.207**	0.006	0.479**	< 0.001	0.352**	< 0.001
日照时数	−0.193*	0.011	−0.295**	< 0.001	−0.210**	< 0.001
太阳辐射	−0.009	0.908	0.328**	< 0.001	0.225**	< 0.001
相对湿度	0.157*	0.039	0.442**	< 0.001	0.298**	< 0.001

(三)东北森林带植被生态质量变化的气象贡献率

植被生态质量变化的气象贡献率体现了实际植被生态质量变化量与潜在植被生态质量变化量的比值。2000~2022年,东北森林带植被生态质量变化的气象贡献率在南部长白山森林带以正贡献为主,北部大小兴安岭森林带及三江平原地区则有正有负(见图18)。总体而言,2000~2022年东北森林带植被生态质量变化的气象贡献率约为41.39%,大部分区域植被生态质量变化的气象贡献表现为正贡献,表明2000~2022年气候暖湿化有利于植被生态质量改善,是植被生态质量稳中向好发展的重要驱动力。

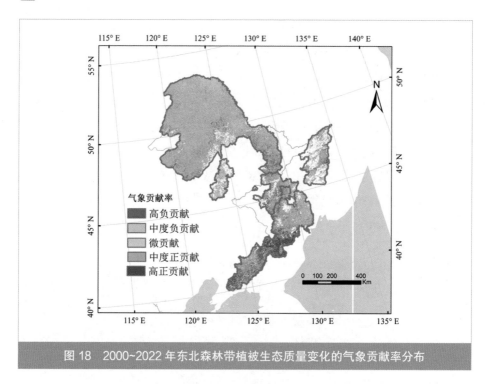

图 18　2000~2022 年东北森林带植被生态质量变化的气象贡献率分布

七　人类活动对东北森林带植被生态质量的影响

（一）土地利用变化的影响

土地利用变化不仅改变植被类型及其空间格局，而且影响植被生态系统的物质循环和能量流动，引起土壤水分和养分、地表径流与侵蚀等生态过程的变化（傅伯杰，2022），对植被生态质量具有显著影响。2000~2020 年土地利用类型叠加分析显示：东北森林带约 26.5% 的土地利用类型发生改变，其中森林、湿地、农田和草地变化较大，森林和草地面积分别减少约 1.422 万平方公里和 0.778 万平方公里，湿地和农田面积分别增加约 1.089 万平方公里和 0.879 万平方公里；聚落（城镇用地）面积净增约 0.16 万平方公里（见表 2）。

表 2　2000~2020 年东北森林带土地利用类型转移矩阵

单位：平方公里

		2020 年							
		农田	森林	草地	水体	荒漠	聚落	湿地	合计
2000 年	农田	–	16350	4893	873	348	3279	3758	29501
	森林	20253	–	23470	1133	133	981	15055	61025
	草地	6369	25063	–	376	508	437	6165	38918
	水体	611	532	261	–	155	64	754	2377
	荒漠	414	269	422	133	–	75	214	1527
	聚落	2409	617	219	79	22	–	131	3477
	湿地	8237	3974	1871	593	253	258	–	15186
	合计	38293	46805	31136	3187	1419	5094	26077	

森林是东北森林带最主要的植被类型，2000~2020 年东北森林带其他土地利用类型转变为森林的面积约 4.68 万平方公里，森林转化为其他用地类型的面积约 6.10 万平方公里，森林面积净减少约 1.42 万平方公里。2000~2022年其他土地利用类型转变为湿地的面积约 2.61 万平方公里，湿地转化为其他用地类型的面积约 1.52 万平方公里，湿地面积净增约 1.09 万平方公里。东北森林带三江平原湿地生物多样性丰富，具有较高的净初级生产力和植被覆盖度。同时，尽管森林面积有所减少，但受益于天然林保护工程的影响，森林质量显著增加。因此，湿地面积增加和森林质量改善是东北森林带植被质量改善的重要驱动力。

2000~2020 年，东北森林带的退耕还林还草措施并未有效遏制森林砍伐和开荒活动，农田面积仍呈现增加趋势。2000~2022 年其他土地利用类型转变为农田的面积约 3.83 万平方公里，农田转化为其他用地类型的面积约 2.95 万平方公里，农田面积净增约 0.88 万平方公里。与其他自然植被类型相比，农田在人类施肥、灌溉等管理措施影响下具有较高的覆盖度和净初级生产力。因此，农田面积增加是促进东北森林带植被生态质量提高的重要人为因素。

2000~2020 年东北森林带地区聚落（城镇用地）面积扩张，其他土地利用类型转变为聚落的面积约 0.51 万平方公里，聚落转化为其他用地类型的面积约 0.35 万平方公里，聚落面积增加约 0.16 万平方公里。其他土地利用类型转变为草地的面积约 3.11 万平方公里，草地转化为其他用地类型的面积约 3.89 万平方公里，草地面积减少约 0.78 万平方公里。聚落面积扩张和草地面积减少是导致东北森林带植被生态质量下降的主要人为因素。

（二）生态工程的影响

全球气候变暖和人为活动不断干扰背景下，东北森林带的生态服务功能问题日益凸显。为此，自 1978 年开始，我国政府在东北地区相继实施了一系列生态保护修复工程，包括天然林保护工程、退耕还林还草工程、三北防护林工程、沿海防护林工程等，通过封山育林、人工造林、退耕还林还草和土地综合整治等措施，加强后备资源培育以及森林抚育和退化林修复，提高森林质量，显著改善了东北森林带植被生长环境，促进了植被生长，东北森林带植被覆盖度增幅为 13.7%（王超，2023），在促进东北森林带植被生态质量改善方面起到了重要作用 (陈珊珊等，2022)。同时，生态工程实施显著推动了东北森林带植被生态质量的改善，植被生态质量增加速率平均为 3.67 g C $m^{-2}yr^{-1}$（见图 3）。

B.8
北方防沙带植被生态质量及其归因分析

摘　要：　北方防沙带是我国生态脆弱区，植被生态质量相对较差，2000~2022 年平均值为 67.6 g C m⁻²yr⁻¹，增加速率为 0.9 g C m⁻²yr⁻¹，呈东高西低变化趋势。植被 NPP 为 335.3 g C m⁻²yr⁻¹，低于全国平均值，增加速率为 4.4 g C m⁻²yr⁻¹，超过全国平均值；覆盖度为 0.152，增加速率为 0.0019yr⁻¹，均低于全国平均值。植被水土保持量为 35.4 t ha⁻¹yr⁻¹，低于全国平均值，增加速率为 0.21 t ha⁻¹yr⁻¹，与全国平均的植被水土保持量增加速率持平；水源涵养量为 21.0 mm yr⁻¹，增加速率为 0.05 mm yr⁻¹，均低于全国平均值。北方防沙带气候呈暖湿化趋势，植被生态质量与年降水量、相对湿度关系最密切。植被生态质量变化的气象贡献率为 22%。

关键词：　植被生态质量　气候暖湿化　气象贡献率　生态工程　北方防沙带

　　北方防沙带作为我国北方的生态安全屏障之一，是我国北方地区防治沙化和荒漠化的关键性地带，在我国生态安全战略格局中具有重要的地位，北方防沙带涵盖京津冀协同发展区，以及阿尔泰山地森林草原、塔里木河荒漠、呼伦贝尔草原、科尔沁草原、浑善达克沙漠、阴山北麓草原 6 个国家重点生态功能区，共涉及 7 个省区的 102 个县市（苏凯等，2022a）。北方防沙带总面积 86.99 万平方公里，大部分地区属于干旱、半干旱气候带，西部局部属于极干旱气候带，东部局部属于半湿润气候带，区域温带大陆性气候显著，干旱少雨，降水变率大，年均降水量为 30~450mm，从东到西逐渐递减；冷热温差变化剧烈，年平均气温变化在 −1.9℃ ~13.5℃ ；风沙天气多，风沙日在 20~100 天，据统计，2010 年平均扬沙风速在 6.5~8m s⁻¹（苏凯等，2020b）。

北方防沙带自然生态系统敏感脆弱，森林、草原、湿地等生态系统功能相对较弱，部分地区仍存在不合理的人类开发活动，大量受损自然生态系统亟待恢复。过去的 20 年是北方防沙带生态环境受人类活动干扰强度最大的时期，经济建设和资源开发对生态环境影响不断增大，自然灾害和全球气候变化对生态环境威胁不断加大，同时国家对生态环境建设和改善的投入不断增加（王洋洋等，2019）。北方防沙带的生态系统以防风固沙为主要功能，是控制荒漠化、减少风蚀、稳定我国北方地区，特别是西北部地区生态安全的重要屏障（Xu et al., 2018; 史志华等，2020）。因此，全面了解和掌握北方防沙带植被生态质量的状况、动态变化和发展趋势，系统分析气象因素和人为因素对植被生态质量的影响对北方防沙带植被生态质量的提高和生态恢复，特别是西北部地区生态安全屏障建设具有重要意义。

一 北方防沙带植被生态质量时空演变

（一）空间分布

北方防沙带植被生态质量（不含农田）存在显著的空间分异性，呈两边高、中间低的分布格局，其中生态质量较高的区域分布在呼伦贝尔草原区、科尔沁草原区、京津冀协同发展区、阿尔泰山地森林草原区、天山森林草原区、阴山北麓草原区等植被较丰富的区域，这些区域植被生态质量多在 200~600 g C m^{-2}yr^{-1}；北方防沙带植被生态质量低于 30 g C m^{-2}yr^{-1} 的区域较大，多分布在浑善达克沙漠、河西走廊区、巴丹吉林沙漠、乌兰布和沙漠、塔里木河荒漠等植被稀疏的区域。2000 年和 2022 年北方防沙带植被生态质量平均值分别为 51 g C m^{-2}yr^{-1} 和 82 g C m^{-2}yr^{-1}，植被生态质量有变好的趋势（见图 1a、图 1b）。

（二）时空动态

2000~2022 年，北方防沙带的植被生态质量变化速率平均为 0.9 g C m^{-2}yr^{-1}，增加速率相对较小。北方防沙带仅有 6% 的区域增加速率大于 5 g C m^{-2}yr^{-1}，大部分区域的植被生态质量增加速率小于 5 g C m^{-2}yr^{-1}。呼伦贝尔草原区和京津冀协同发展区的植被生态质量增加速率较大，为 5~43 g C m^{-2}yr^{-1}，明显大于北方防沙带的其他区域（见图 2）。

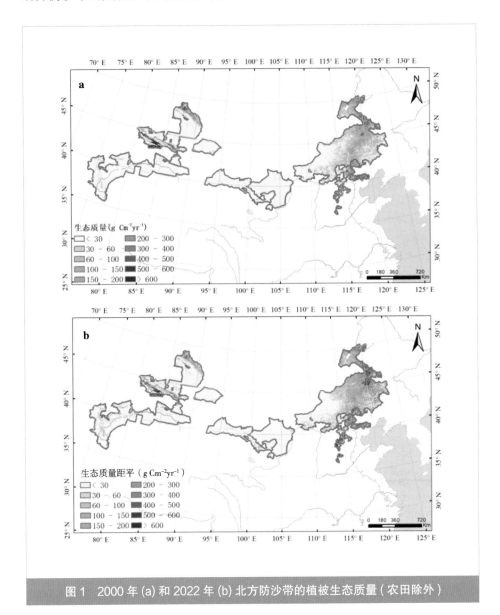

图 1　2000 年 (a) 和 2022 年 (b) 北方防沙带的植被生态质量（农田除外）

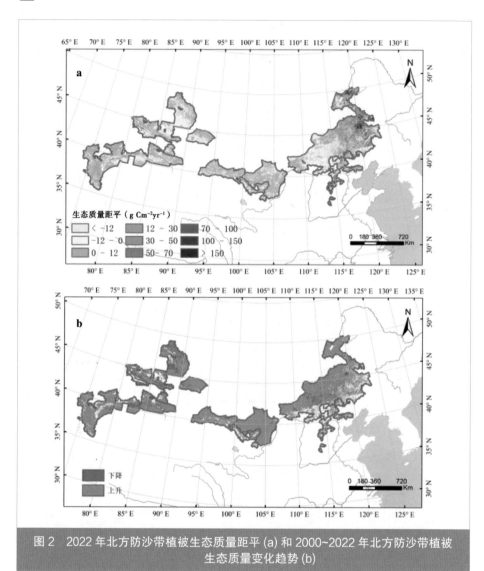

图 2　2022 年北方防沙带植被生态质量距平 (a) 和 2000~2022 年北方防沙带植被
生态质量变化趋势 (b)

自 2000 年以来，北方防沙带植被生态质量持续改善，呈现变好的趋势。2022 年植被生态质量总体较好，其中 56% 的区域植被生态质量高于多年平均值，巴丹吉林沙漠和乌兰布和沙漠区域植被生态质量改善明显，大部分区域植被生态质量高于多年平均值（见图 2a）。但是浑善达克沙漠区大部分区域和阿尔泰山地森林草原区部分区域 2022 年植被生态质量低于多年平均值（见图 3a）。2000~2022 年北方防沙带 87% 以上的区域植被生态质量呈增加趋势，包括呼伦贝尔草原区、科尔沁草原区、京津冀协同发展区、阴山北麓草原区等区域，也有一些区域植被生态质量呈降低趋势，主要分布在阿尔泰山地森林草原区和天山森林草原区（见图 3b）。

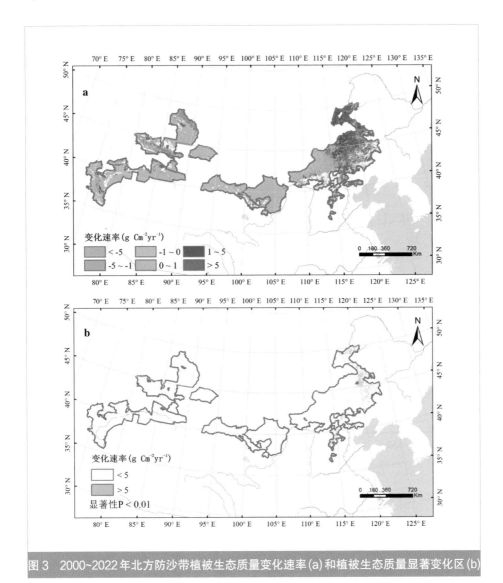

图 3　2000~2022 年北方防沙带植被生态质量变化速率 (a) 和植被生态质量显著变化区 (b)

二 北方防沙带植被净初级生产力的时空演变

（一）空间分布

北方防沙带2000~2022年植被净初级生产力（NPP）平均为335.3 g C m^{-2}yr^{-1}，植被NPP呈现明显的空间异质性（见图4），不同区域植被NPP差异较大，东西部植被NPP明显高于中部。北方防沙带植被NPP小于50 g C m^{-2}yr^{-1}的区域多分布于中部荒漠地区，植被NPP高于600g C m^{-2}yr^{-1}的区域多分布于京津冀协同发展区、阿尔泰山地森林草原区、天山森林草原区、阴山北麓草原区、呼伦贝尔草原和科尔沁草原区域，这些地区植被类型多为森林和草地，同时植被长势较好，所以这些区域具有较高的NPP。

（二）时间动态

北方防沙带植被NPP年际变化显著，2000~2022年北方防沙带植被NPP呈增加趋势，2000年和2022年植被NPP平均值分别为281.3 g C m^{-2}yr^{-1}和384.1 g C m^{-2}yr^{-1}，植被NPP增加速度为4.4 g C m^{-2}yr^{-1}。2000~2022年，北方防沙带植被NPP持续升高，京津冀协同发展区、呼伦贝尔草原和科尔沁草原区大部分区域植被NPP升高速率显著，上升速率超过10 g C m^{-2}yr^{-1}（P<0.01）（见图5）。少部分区域植被NPP呈显著降低趋势（下降速率超过10 g C m^{-2}yr^{-1}），主要分布在天山森林草原区和阿尔泰山地森林草原区（见图6a）。

总体来说，2000~2022年，北方防沙带植被NPP由2000年的281.3 g C m^{-2}yr^{-1}增加至2022年的384.1 g C m^{-2}yr^{-1}，增加幅度达36.5%，平均增加速率为4.4 g C m^{-2}yr^{-1}（R^2=0.7385），远高于全国平均的植被NPP增加速率2.7g C m^{-2}yr^{-1}（见图6b）。

三 北方防沙带植被覆盖度的时空演变

（一）空间分布

北方防沙带植被覆盖度整体偏低，2000~2022年北方防沙带植被覆盖度

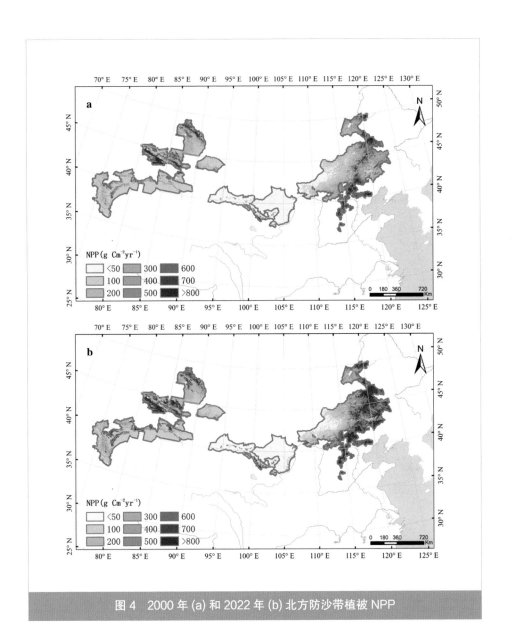

图 4　2000 年 (a) 和 2022 年 (b) 北方防沙带植被 NPP

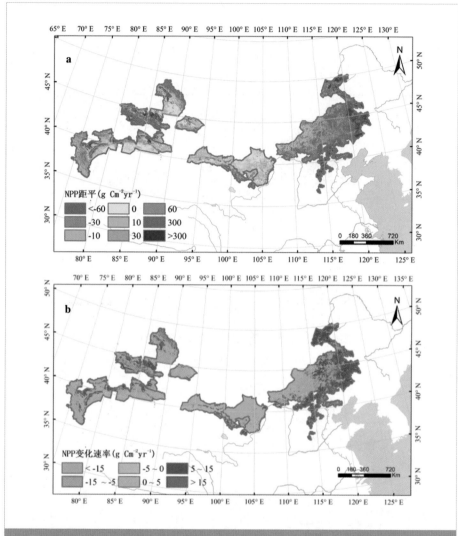

图 5　2022 年北方防沙带植被 NPP 距平 (a) 和 2000~2022 年北方防沙带植被
NPP 变化速率 (b)

平均为 0.152，远低于全国平均的植被覆盖度 0.475。北方防沙带植被覆盖度
表现出非常显著的空间差异性，覆盖度小于 0.15 的区域较多，主要分布在北
方防沙带的中部和西部的部分区域。京津冀协同发展区、呼伦贝尔草原区、
科尔沁草原区、阿尔泰山地森林草原区部分区域和天山森林草原区部分区域

植被覆盖度相对较大，为 0.4~0.7，京津冀协同发展区的部分区域植被覆盖度甚至超过 0.7（见图 7）。

（二）时间动态

北方防沙带植被覆盖度年际变化显著，2022 年北方防沙带植被覆盖度整

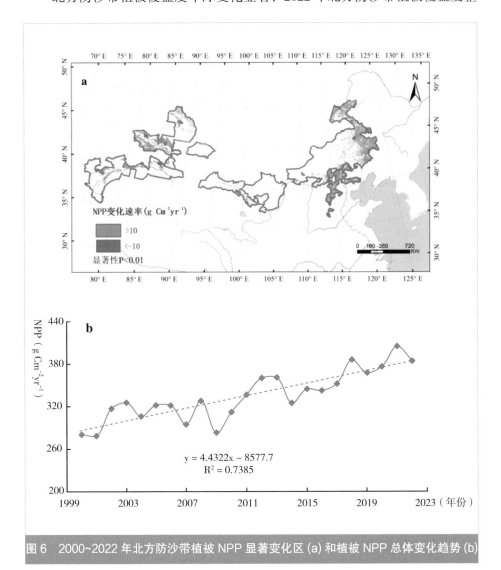

图 6　2000~2022 年北方防沙带植被 NPP 显著变化区 (a) 和植被 NPP 总体变化趋势 (b)

体较好，73%的区域植被覆盖度高于多年平均值，仅科尔沁草原区部分区域、阿尔泰山地森林草原区部分区域和天山森林草原区部分区域植被覆盖度低于多年平均值（见图8a）。2000~2022年北方防沙带植被覆盖度持续升高，京津冀协同发展区、呼伦贝尔草原区、阿尔泰山地森林草原区部分区域、天山森林草原区部分区域和阴山北麓草原区部分区域的植被覆盖度升高趋势最显著，上升速率超过0.002 yr^{-1}（P<0.01）（见图8b）。

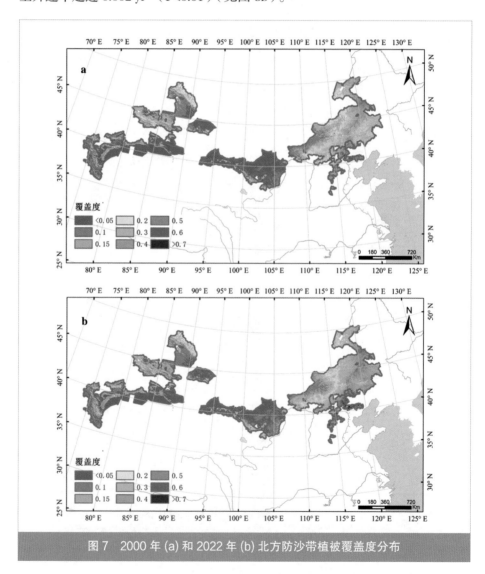

图7　2000年(a)和2022年(b)北方防沙带植被覆盖度分布

总体来说，2000~2022 年，北方防沙带植被覆盖由 2000 年的 0.14 增加到 2022 年的 0.17，增加幅度达 21.4%，平均增加速率为 0.0019yr^{-1}（R^2=0.8456）（见图 9b），低于全国平均的植被覆盖度增加速率 0.0035yr^{-1}。

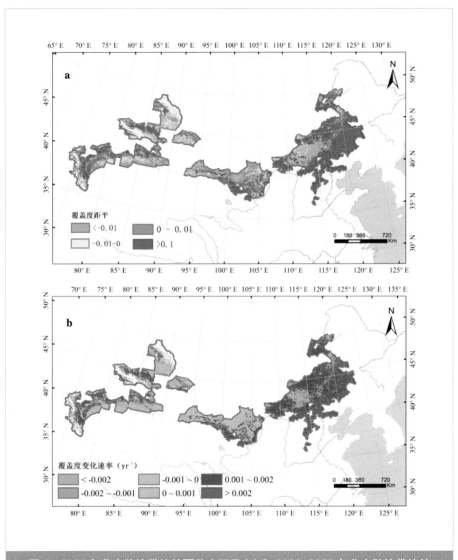

图 8　2022 年北方防沙带植被覆盖度距平 (a) 和 2000~2022 年北方防沙带植被覆盖度变化速率 (b)

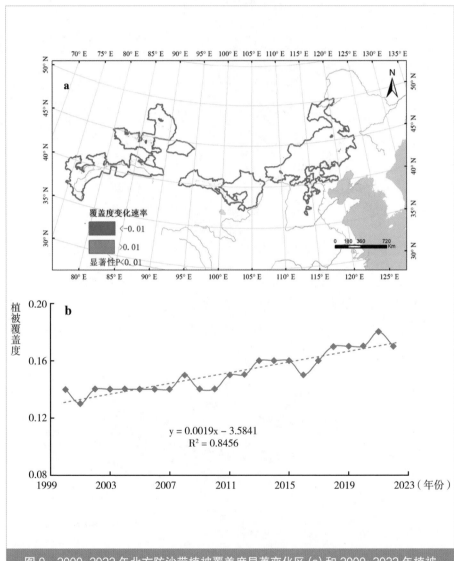

图 9　2000~2022 年北方防沙带植被覆盖度显著变化区 (a) 和 2000~2022 年植被覆盖度总体变化趋势 (b)

四　北方防沙带水土保持的时空演变

（一）空间分布

2000~2022 年，北方防沙带的植被水土保持量平均为 35.4 t ha^{-1}yr^{-1}，远低于全国平均的植被水土保持量 108 t ha^{-1}yr^{-1}。北方防沙带植被水土保持量空间差异性明显，大部分区域水土保持量低于 50 t ha^{-1}yr^{-1}，尤其中西部地区沙漠和戈壁广布，植被水土保持量较低，低于 20 t ha^{-1}yr^{-1}，仅京津冀协同发展区、科尔沁草原区部分区域、天山森林草原区部分区域、阿尔泰山地森林草原区部分区域植被水土保持量高于 50 t ha^{-1}yr^{-1}（见图 10）。

（二）时间动态

2000~2022 年，北方防沙带植被水土保持量变化波动较大，整体呈增加趋势。2022 年，北方防沙带植被水土保持量有所降低，约 65% 的区域植被水土保持量低于多年平均值（见图 11a），尤其在科尔沁草原区和北方防沙带西北地区，水土保持量明显低于多年平均值。2000~2022 年北方防沙带植被水土保持量发生了明显变化，约 81% 区域的植被水土保持量呈现升高趋势，升高速率高于 1 t ha^{-1}yr^{-1}（P<0.01），仅阿尔泰山地森林草原区植被水土保持量有下降趋势，下降速率超过 1 t ha^{-1}yr^{-1}（P<0.01）（见图 11b）。

总体来说，2000~2022 年，北方防沙带植被水土保持量由 2000 年的 29.5 t ha^{-1}yr^{-1} 增加到 2022 年的 32.5 t ha^{-1}yr^{-1}，增加幅度为 10.2%，平均增加速率为 0.21 t ha^{-1}yr^{-1}（R^2=0.125）（见图 12b），与全国平均的植被水土保持量增加速率持平。

五　北方防沙带水源涵养的时空演变

（一）空间分布

2000~2022 年，北方防沙带的水源涵养量平均为 21.0 mm yr^{-1}，明显低于全国平均的植被水源涵养量 47mm yr^{-1}。北方防沙带水源涵养量整体较小，呼

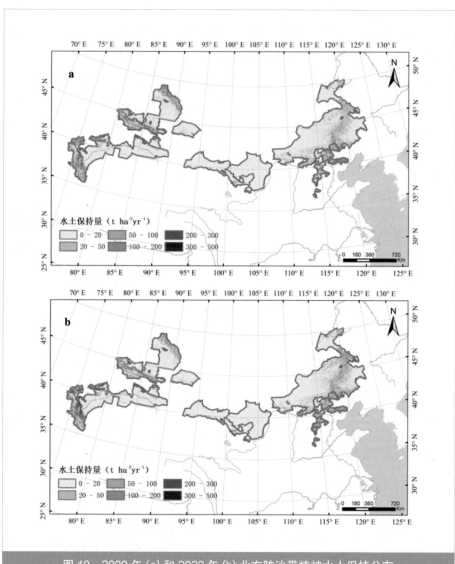

图 10　2000 年 (a) 和 2022 年 (b) 北方防沙带植被水土保持分布

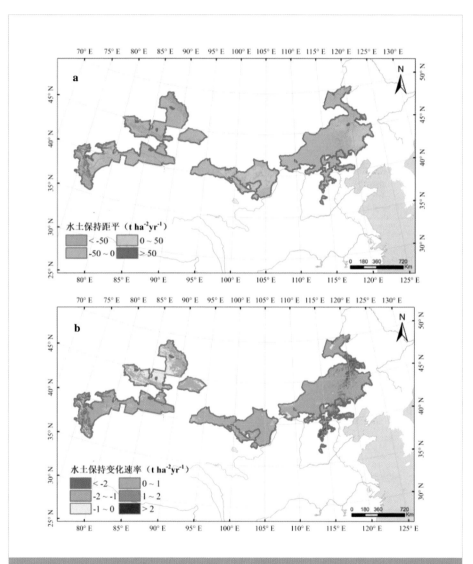

图 11　2022 年北方防沙带植被水土保持距平 (a) 和 2000~2022 年北方防沙带植被
水土保持变化速率 (b)

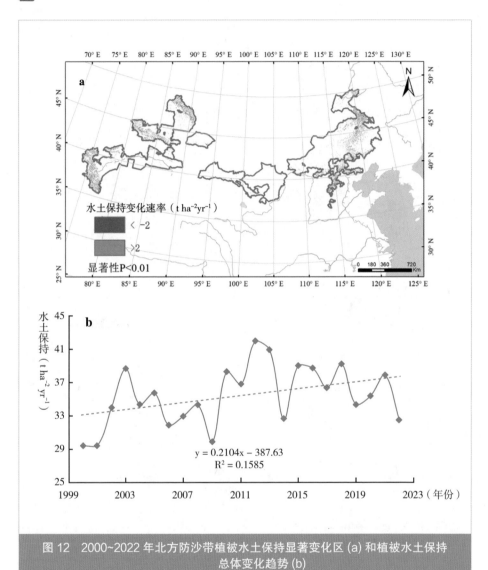

图 12   2000~2022 年北方防沙带植被水土保持显著变化区 (a) 和植被水土保持
总体变化趋势 (b)

伦贝尔草原和科尔沁草原区部分区域水源涵养量小于 20mm yr^{-1}，阴山北麓
草原区、河西走廊地区和阿尔泰山地森林草原区水源涵养量相对较高，为
20~100mm yr^{-1}（见图 13）。

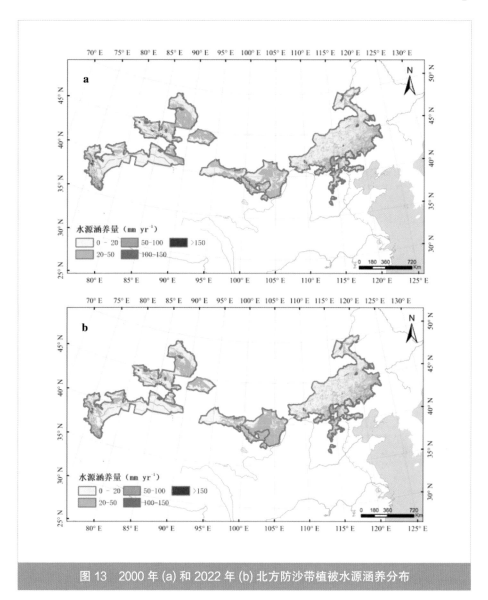

图 13　2000 年 (a) 和 2022 年 (b) 北方防沙带植被水源涵养分布

（二）时间动态

北方防沙带植被水源涵养的年际波动较大，最大波动幅度达 4.01 mm yr⁻¹。2022 年北方防沙带植被水源涵养量较多年平均值有所降低，约 64% 的区域植被水源涵养量低于多年平均值（见图14a）。仅科尔沁草原区、阴山北麓草原区和京津冀协同发展区部分区域植被水源涵养量高于多年平均值（见图14a）。2000~2022年，北方防沙带植被水源涵养量发生了明显变化，科尔沁草原区部分区域、阴山北麓草原区、河西走廊地区和京津冀协同发展区植被水源涵养量升高趋势显著，增加速率超过 0.2 mm yr^{-1}（P< 0.01）（见图14b）。

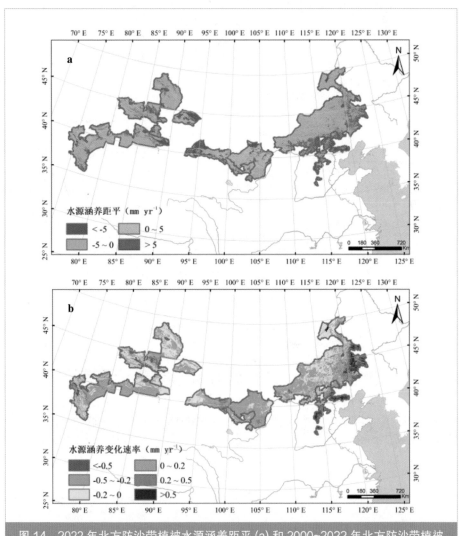

图14　2022年北方防沙带植被水源涵养距平 (a) 和2000~2022年北方防沙带植被水源涵养变化速率 (b)

　　总体来说，2000~2022 年北方防沙带植被水源涵养量变化波动较大，整体呈不明显的增加趋势，平均的增加速率为 0.05 mm yr^{-1}（R^2=0.0663）（见图 15b），远远低于全国平均的植被水源涵养量增加速率 0.12 mm yr^{-1}。

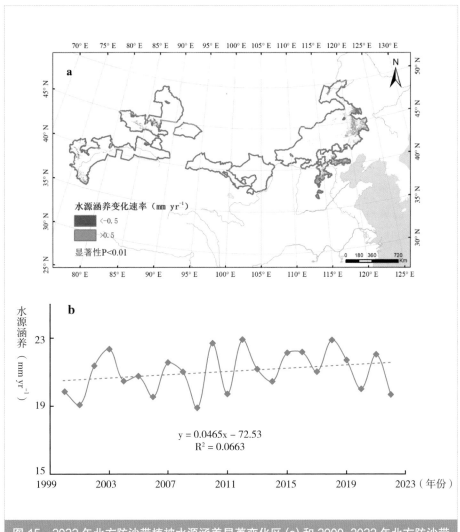

图 15　2022 年北方防沙带植被水源涵养显著变化区 (a) 和 2000~2022 年北方防沙带植被水源涵养总体变化趋势 (b)

六 气候变化对北方防沙带植被生态质量的影响

（一）北方防沙带气候变化趋势

北方防沙带大部分区域位于半干旱和干旱区，2000~2022年北方防沙带年平均降水量为240mm，远低于全国平均降水量628mm。北方防沙带年均降水量的空间差异较为明显，年均降水量呈东西部相对较高、中部相对较低的空间分布格局。京津冀协同发展区、呼伦贝尔草原、阿尔泰山地森林草原和天山森林草原区部分区域年平均降水量超过400mm，河西走廊和塔里木河荒漠部分区域平均年降水量小于50mm（见图16a）。

2000~2022年，北方防沙带年平均气温为5.5℃。不同区域温度差异较大，呼伦贝尔草原和阿尔泰山地森林草原部分区域年平均温度低于0℃，塔里木河荒漠和京津冀协同发展区年平均气温高于10℃（见图16b）。

气候是影响植被生态质量的最主要因素。2000~2022年，北方防沙带年平均气温整体呈增加趋势，增加速率为0.03℃ yr^{-1}（见图17a）。北方防沙带约有46%的区域增温速率在0~0.03℃ yr^{-1}，27%的区域增温速率在0.03~0.05℃ yr^{-1}，远超全球平均增温速率（0.02℃ yr^{-1}）。北方防沙带中部和西部部分区域增温速率高于0.05℃ yr^{-1}，增温幅度明显，约为全球平均增温速率的2.5倍（见图17b）。

2000~2022年，北方防沙带年平均降水量增加速率为3.7 mmyr^{-1}（见图18a），低于2000~2022年全国平均年降水增加速率（5.4 mm yr^{-1}）。阿尔泰山地森林草原区部分区域、天山区域、河西走廊区域等地区降水量呈现减少趋势（见图18b）。

（二）影响北方防沙带植被的主要气候因子

气候变化是影响植被生长的重要因素。在北方防沙带，植被生态质量与年均温、年降水量、太阳辐射、相对湿度等气候因子均呈显著相关关系

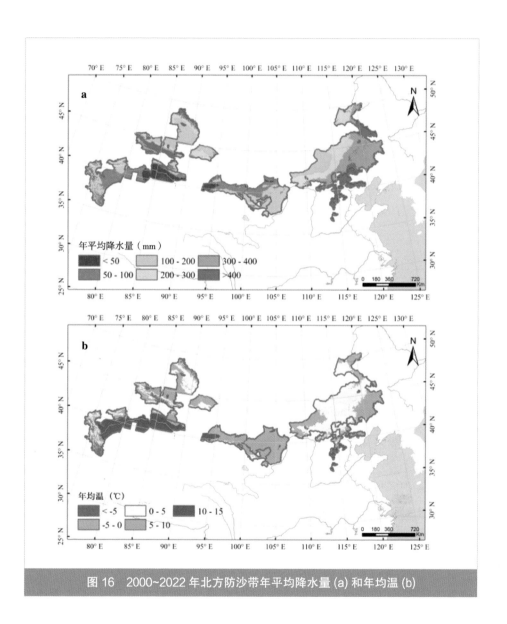

图 16　2000~2022 年北方防沙带年平均降水量 (a) 和年均温 (b)

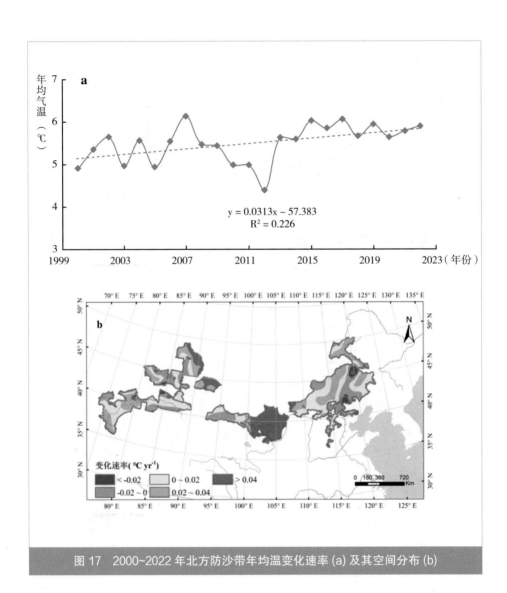

图 17   2000~2022 年北方防沙带年均温变化速率 (a) 及其空间分布 (b)

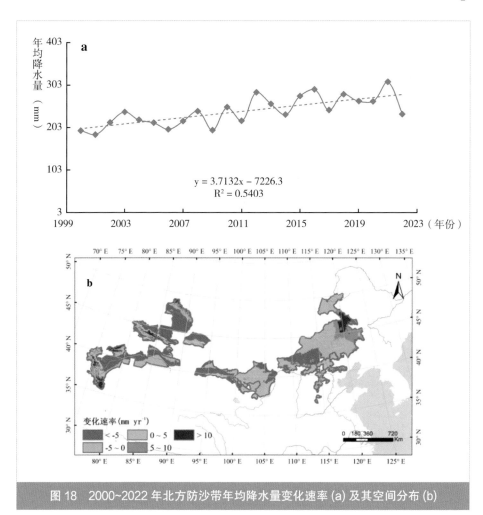

图 18　2000~2022 年北方防沙带年均降水量变化速率 (a) 及其空间分布 (b)

（见表1）。其中，植被生态质量与年降水量和相对湿度呈显著正相关关系，与年均温、日照时数、太阳辐射呈显著负相关关系。

　　北方防沙带多分布在干旱和半干旱地区，水分是制约当地植被生长的最主要因素，因此植被生态质量与年降水量和相对湿度关系最密切，均达到显著相关水平，相关系数分别为 0.68 和 0.45。北方防沙带植被生态质量与年均温、日照时数和太阳辐射之间呈显著的负相关关系，但是相关系数相对较低，分别为 0.14、0.41 和 0.35。水分是限制北方防沙带植被生长的最主要因素，降水增加对植被生长的促进作用大于温度升高带来的抑制作用，降水增加是促进北方防沙带植被生态质量转好的最主要因素。

表 1 植被生态质量与气候因子之间相关性

气候因子	年均温	年降水	日照时数	太阳辐射	风速	相对湿度
相关系数	−0.14*	0.68**	−0.41**	−0.35**	−0.02	0.45**

注：* 在 0.05 水平上显著相关，** 在 0.1 水平上显著相关。

（三）北方防沙带植被生态质量变化的气象贡献率

植被生态质量变化的气象贡献率体现了实际植被生态质量变化量与潜在植被生态质量变化量的比值。2000~2022 年北方防沙带大部分区域植被生态质量变化的气象贡献率以正贡献为主，阿尔泰山地森林草原区和河西走廊等区域出现了负贡献率。2000~2022 年，北方防沙带植被生态质量的气象贡献率为 22%，74% 的区域植被生态质量变化的气象贡献率为正值，说明 2000~2022 年气候暖湿化有利于植被生态质量改善，是北方防沙带植被生态质量转好的主要影响因素（见图 19）。

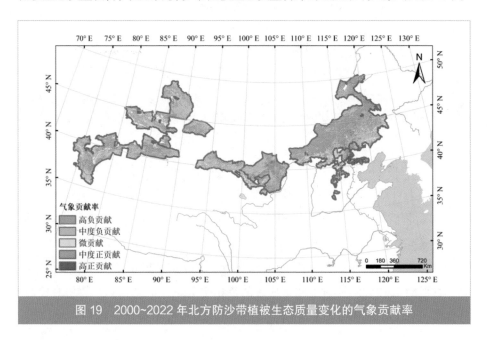

图 19 2000~2022 年北方防沙带植被生态质量变化的气象贡献率

七 人类活动对北方防沙带植被生态质量的影响

（一）土地利用变化的影响

2000~2020 年，北方防沙带其他土地利用类型转换为草地面积约为 14.5 万平方公里，草地转化为其他用地类型的面积约为 14.2 万平方公里，草地面积净增约 0.3 万平方公里，荒漠转化为其他用地类型的面积约为 9.1 万平方公里，其他用地类型转化为荒漠的面积约为 7.7 万平方公里，荒漠减少面积约为 1.4 万平方公里（见表 2），草地面积增加可以提高净初级生产力，有利于植被生态质量的改善，同时荒漠面积的减少能显著增加植被覆盖度，提升植被生态质量，所以草地面积的增加和荒漠面积的减少是北方防沙带地区植被生态质量改善的主要因素。

表 2 2000~2020 年北方防沙带土地利用类型转移矩阵

单位：km²

| | | 2020 年 | | | | | | | |
		农田	森林	草地	水体	荒漠	聚落	湿地	合计
2000 年	农田		7559	29462	1058	3834	7509	1890	51312
	森林	9037		31066	576	2407	797	628	44511
	草地	41152	27761		2458	59540	4464	6862	142237
	水体	1200	483	4536		9111	139	1024	16493
	荒漠	10959	2172	70229	3594		1565	2198	90717
	聚落	5066	422	2527	84	382		170	8651
	湿地	2588	544	6757	867	2167	403		13326
	合计	70002	38941	144577	8637	77441	14877	12772	

（二）生态工程的影响

北方防沙带是我国生态环境最脆弱的典型区域之一，同时也是"两屏三带"生态安全战略格局中的重点生态功能区。推进北方防沙带生态保护和修复，对保障京津冀协同发展、西部大开发等国家战略和"一带一路"倡议的顺利实施，改善全国生态环境，保障我国生态良好发展具有重要意义（连虎刚等，2023）。为了遏制土地沙漠化带来的生态环境恶化后果，我国相继在北方防沙带开展了一系列有助于生态服务功能得到恢复的生态工程，包括三北防护林工程、退耕还林还草工程、京津冀风沙源治理工程等重大生态工程（李双成等，2013）。生态工程的实施对于我国国土空间开发、未来生态建设、改善生态环境质量，实现社会经济可持续发展和高质量发展具有非常深远的意义（傅伯杰等，2017）。通过一系列生态工程的实施显著推动了北方防沙带植被生态质量改善，2000~2022 年北方防沙带 87% 以上的区域植被生态质量呈增加趋势，56% 的区域植被生态质量高于多年平均值，植被生态质量改善趋势明显。

B.9
南方丘陵山地带植被生态质量及其归因分析

摘　要： 南方丘陵山地带 2000~2022 年植被生态质量平均值为 653.44g C m^{-2}yr^{-1}，增加速率为 7.36g C m^{-2}yr^{-1}。植被 NPP 为 1120.81 gC m^{-2}yr^{-1}，增加速率为 9.07 g C m^{-2}yr^{-1}，均高于全国平均值；覆盖度为 0.68，高于全国平均值，增加速率为 0.0043yr^{-1}，均高于全国平均值。植被水土保持量为 279.71 t ha^{-1}yr^{-1}，增加速率为 0.43 t ha^{-1}yr^{-1}，均明显高于全国平均值；水源涵养量为 112.86mm yr^{-1}，增加速率为 0.58mm yr^{-1}，均明显高于全国平均值。南方丘陵山地带气候总体呈暖湿化趋势，植被生态质量与年均温、年降水量均呈显著正相关关系。植被生态质量变化的气象贡献率约为 80.77%。

关键词： 植被生态质量　气候暖湿化　气象贡献率　生态工程　南方丘陵山地带

植被是陆地生态系统的主体，是不同圈层（土壤、大气和水）物质交换和能量传输连接的重要纽带（杜加强等，2015），可为人类生产生活提供有力保障，监测植被生态质量变化具有重要的现实意义和科学价值。

南方丘陵山地带是中国"两屏三带"生态格局的重要组成部分，在西南和华南生态安全中发挥着重要作用。近年来，随着水土保持和植被保护等生态工程的实施，区域生态功能稳步提升。但是，由于人口剧增，城镇化高以及资源的不断开发利用，南方丘陵山地带仍存在水土流失和石漠化等生态问题。为推动生态系统功能整体性提升，南方丘陵山地带作为"三区四带"之一，已被纳入全国生态系统保护和修复重大工程总体布局。本报告综合评估了2000年以来南方丘陵山地带植被的相关变化特征，可为南方丘陵山地带高质量发展提供决策依据。

一 南方丘陵山地带植被生态质量的时空演变

（一）空间分布

2000~2022年，中国南方丘陵山地带的植被生态质量平均为653.44g C m^{-2}yr^{-1}，高于全国平均的植被生态质量，空间上主要表现为武夷山区和南岭地区的植被生态质量最好，植被生态质量低值区主要位于湘桂岩溶地区的南部和北部。2000年和2022年南方丘陵山地带植被生态质量的空间分布特征和多年平均较为类似（见图1），但2022年的量级明显偏高。

（二）时间动态

2000~2022年，中国南方丘陵山地带植被生态质量表现出明显的年际变化特征。与多年均值相比，2000年南方丘陵山地带植被生态质量整体偏差（见图2a），而2022年南方丘陵山地带植被生态质量总体偏好（见图2b），并以武夷山区和南岭南部生态质量最好，而南岭北部和湘桂岩溶地区的北部和西部地区植被生态质量偏差，植被生态质量偏差面积占总区域总面积的35.50%。2000~2022年，中国南方丘陵山地带植被生态质量整体表现为增加趋势（见图3a），并以武夷山区的增加速率最大，通过99%显著性检验；山地带的中部地区植被生态质量的变化幅度较小，甚至表现出微弱的变差趋势，植被生态质量变差区域约占区域总面积的4.02%，主要位于江西南部地区。2000~2022年区域平均的南方丘陵山地带的植被生态质量以7.36 g C m^{-2}yr^{-1}的速率增加，通过99%的显著性检验（见图3b）。

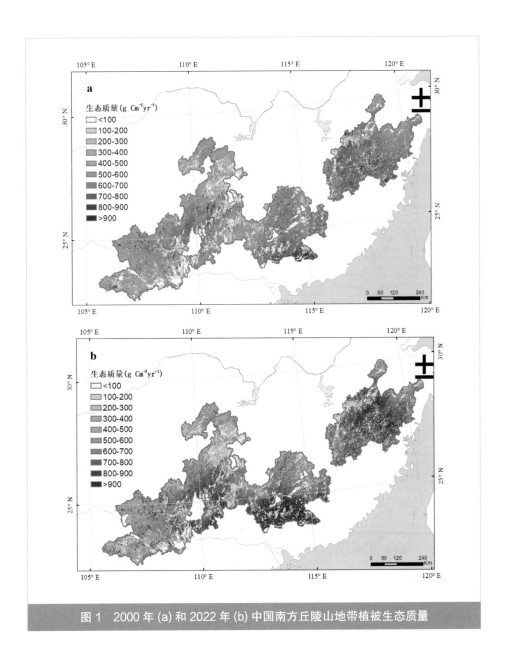

图 1　2000 年 (a) 和 2022 年 (b) 中国南方丘陵山地带植被生态质量

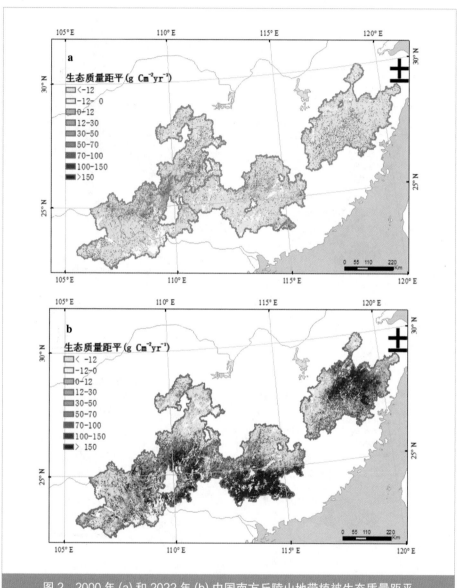

图 2　2000 年 (a) 和 2022 年 (b) 中国南方丘陵山地带植被生态质量距平

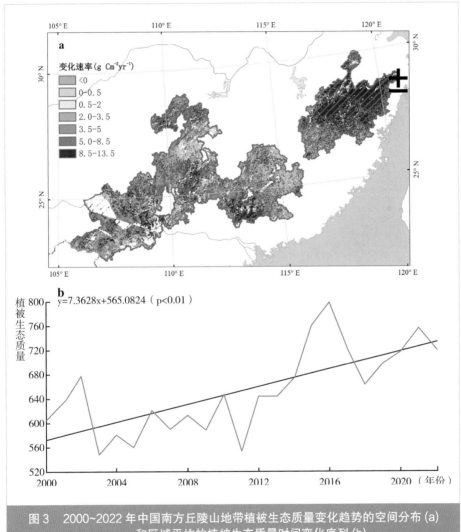

图 3　2000~2022 年中国南方丘陵山地带植被生态质量变化趋势的空间分布 (a)
和区域平均的植被生态质量时间变化序列 (b)

注:（a）中 ⁄ 表示通过 99% 显著性检验。

217

二 南方丘陵山地带植被净初级生产力的时空演变

（一）空间分布

2000~2022 年，南方丘陵山地带的植被净初级生产力（NPP）平均为 1120.81 g C m^{-2}yr^{-1}，高于全国平均的植被 NPP，多年平均的高值区主要位于广西、广东和福建部分地区，低值区主要出现在湖南南部、广西西北和南部以及湖南中西部地区。2000 年南方丘陵山地带植被 NPP 的空间分布差异不明显（见图 4a），2022 年南方丘陵山地带植被 NPP 的空间分布和多年平均的空间分布类似，以武夷山区和南岭南部部分地区的植被 NPP 最高，超过 1500 g C m^{-2}yr^{-1}（见图 4b）。

（二）时间动态

2000~2022 年，南方丘陵山地带的植被 NPP 表现出明显的年际变化特征，相对于多年平均值，2000 年南方丘陵山地带植被 NPP 负距平主要分布在 25°N 以南，约占整个区域的 73.04%（见图 5a），而 2022 年南方丘陵山地带植被 NPP 负距平主要分布在 25°N 以北（见图 5b），正距平主要位于武夷山区、南岭和湘桂岩溶地区的南部，正距平区域约占整个区域面积的 54.92%。2000~2022 年，南方丘陵山地带 NPP 变化趋势的空间分布如图 6a 所示，除湖南中部、广东北部和广西中部部分地区外，大部分地区表现为增加趋势，约占总面积的 86.41%，尤其以武夷山区增加最为明显，增加速率大于 10 g C m^{-2}yr^{-1}，通过了 99% 显著性检验。2000~2022 年，南方丘陵山地带区域平均的植被 NPP 整体表现为波动的增加趋势，由 2000 年的 1043.53 g C m^{-2}yr^{-1} 增加到 2022 年的 1219.45 g C m^{-2}yr^{-1}，增加速率为 9.07 g C m^{-2}yr^{-1}，通过 99% 的显著性检验（见图 6b）。南方丘陵山地带植被 NPP 的增加除与气候因素有关外，还受人类活动的影响，20 世纪 90 年代底国家实施了一系列的建设工程，对南方丘陵山地带石漠化地区的植被恢复起到了重要的影响，一定程度上促进了植被 NPP 的增加。

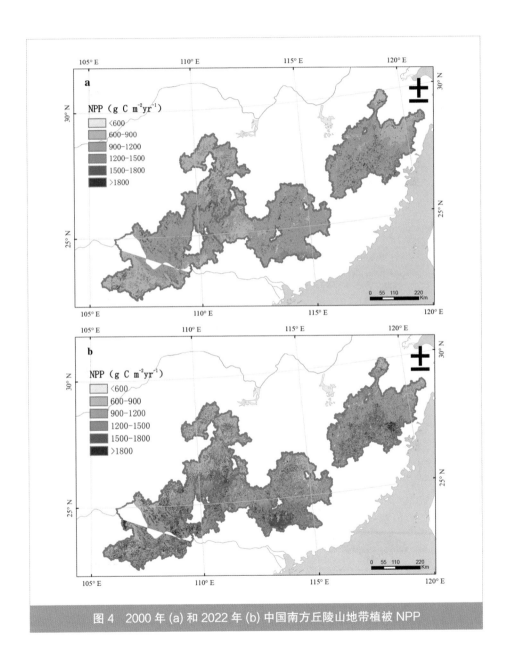

图 4　2000 年 (a) 和 2022 年 (b) 中国南方丘陵山地带植被 NPP

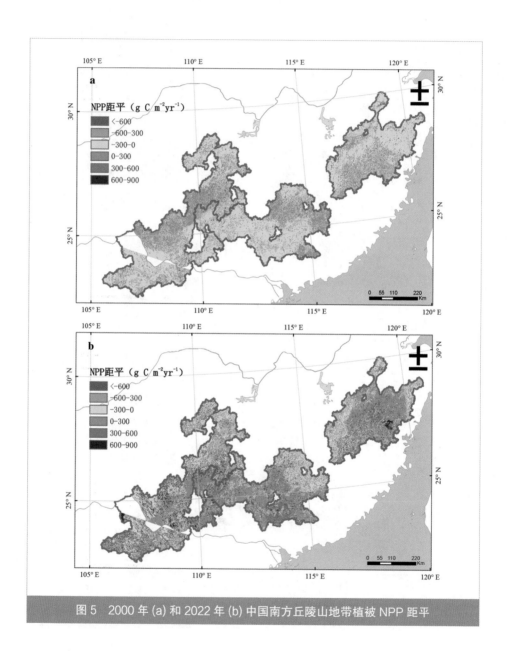

图 5　2000 年 (a) 和 2022 年 (b) 中国南方丘陵山地带植被 NPP 距平

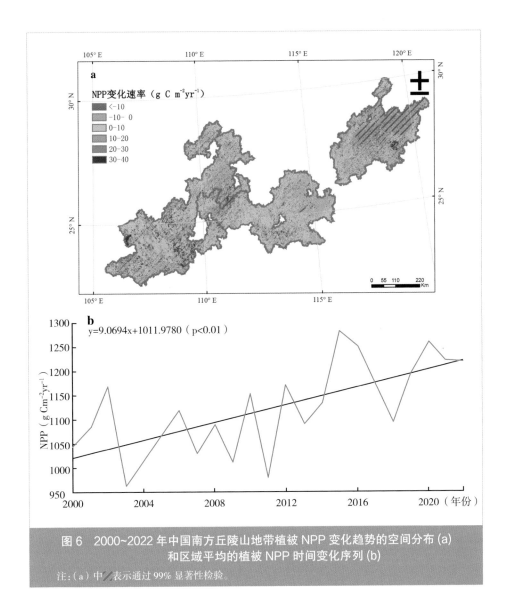

图6　2000~2022 年中国南方丘陵山地带植被 NPP 变化趋势的空间分布 (a)
和区域平均的植被 NPP 时间变化序列 (b)

注：(a) 中▨表示通过 99% 显著性检验。

三 南方丘陵山地带植被覆盖度的时空演变

（一）空间分布

植被覆盖度是衡量一个地区绿化程度的重要指标，可以反映当地的生态平衡和环境质量。2000~2022 年，南方丘陵山地带的平均植被覆盖度为 0.68，植被覆盖度水平较高，植被覆盖状况总体良好。由于南方丘陵山地带地形复杂，覆盖度的空间分布特征并不明显（见图 5a），高值区主要位于武夷山区和南岭部分地区，高达 0.8，低值区的分布比较零碎，在不同的地区都有可能出现。2000 年和 2022 年的空间分布比较类似（见图 7b），但是 2022 年植被覆盖度明显偏高。

（二）时间动态

相对于多年平均值，2000~2022 年南方丘陵山地带植被覆盖度距平表现出明显的空间差异，2000 年植被覆盖度主要表现为负距平（见图 8a），2022 年除湘桂岩溶地区的北部部分地区外，其他地区覆盖度均表现为正距平，其变化幅度主要在 0.1 内（见图 8b）。2000~2022 年南方丘陵山地带 94.99% 的地区植被覆盖度表现为增加趋势（见图 9a），且大部分地区通过了 99% 显著性检验，增加的高值区主要位于湘桂岩溶地区的南部，大于 0.0080 yr^{-1}。区域平均的南方丘陵山地带的植被覆盖度由 2000 年的 0.66 增加到 2022 年的 0.72，增加幅度为 9.09%，增加趋势为 0.0043 yr^{-1}，通过 99% 的显著性检验，高于全国平均的增加速率（0.0035 yr^{-1}），表明南方丘陵山地带的植被覆盖度得到显著改善（见图 9b）。气候、地形地貌和人类活动等都与植被覆盖度的动态变化密切相关，尤其是国家实施的一系列生态工程建设，使得土地利用类型发生了明显的改变，深刻地影响着植被的变化，一定程度上促进了南方丘陵山地带植被覆盖度的增加。

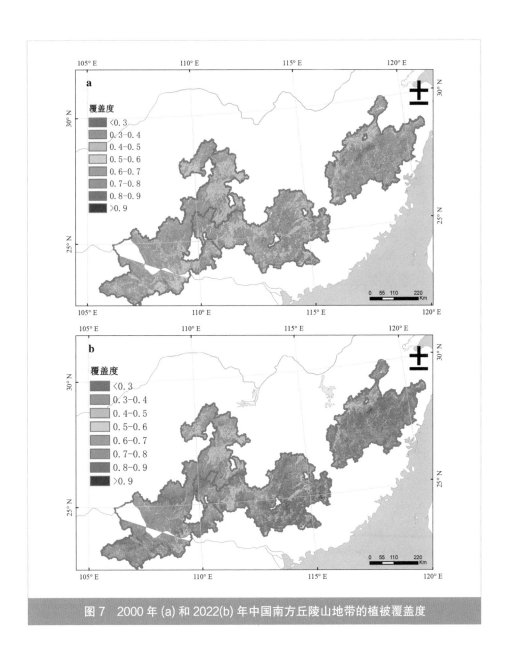

图 7 2000 年 (a) 和 2022(b) 年中国南方丘陵山地带的植被覆盖度

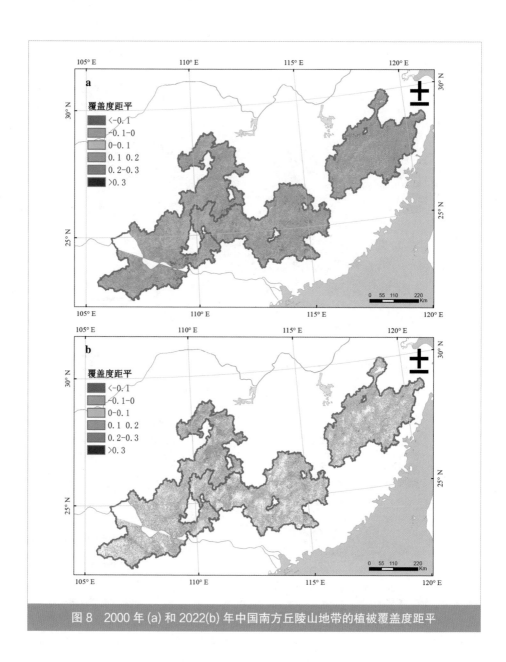

图 8 2000 年 (a) 和 2022(b) 年中国南方丘陵山地带的植被覆盖度距平

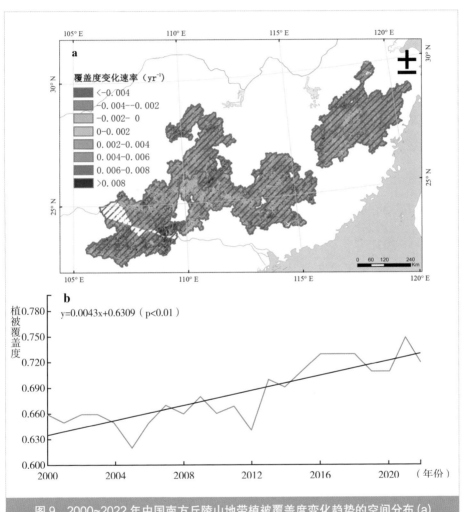

图 9　2000~2022 年中国南方丘陵山地带植被覆盖度变化趋势的空间分布 (a)
和区域平均的植被覆盖度的时间变化序列 (b)

注：(a) 中　表示通过 99% 显著性检验。

四 南方丘陵山地带水土保持的时空演变

（一）空间分布

2000~2022 年，南方秦岭山地带的植被水土保持量平均为 279.71 t ha^{-1}yr^{-1}，高于全国平均的植被水土保持量。南方丘陵山地带水土保持量的空间变异范围较大，但其空间分布规律并不明显（见图 10），高值区多出现在不同省份的交界处，高达 400 t ha^{-1}yr^{-1}，低值区则零散分布在武夷山、南岭和湘桂岩溶的不同区域。2000 年和 2022 年南方丘陵山地带植被水土保持量的空间分布基本一致。

（二）时间动态

2000~2022 年，南方丘陵山地带的植被水土保持量表现出明显的年际变化特征，相对于多年平均值，2000 年水土保持负距平主要发生在湘桂岩溶地区的北部和武夷山区的东部（见图 11a），2022 年南方丘陵山地带的水土保持量在湘桂岩溶地区大部分为负距平，南岭北部和武夷山的西部也有部分区域表现为负距平，正距平的高值区主要出现在南岭南部和武夷山东部，正距平区域约占总面积的 44.97%（见图 11b）。2000~2022 年南方丘陵山地带，约 72.76% 区域的植被水土保持量呈现升高趋势，其中，武夷山区和湘桂岩溶区的中北部地区升高趋势最大，升高速率超过 1 t ha^{-1}yr^{-1}，但只有零星地区通过了 99% 显著性检验，而南岭山区大部分地区水土保持量呈现下降趋势，尤其是在湘桂岩溶地区的南部，下降趋势最为明显，下降速率超过 1 t ha^{-1}yr^{-1}（见图 12a）。2000~2022 年南方丘陵山地带区域平均的水土保持量表现为增加趋势，平均增加速率为 0.43 t ha^{-1}yr^{-1}，高于全国平均的增加速率（0.2 t ha^{-1}yr^{-1}），但并未通过显著性检验（见图 12b）。

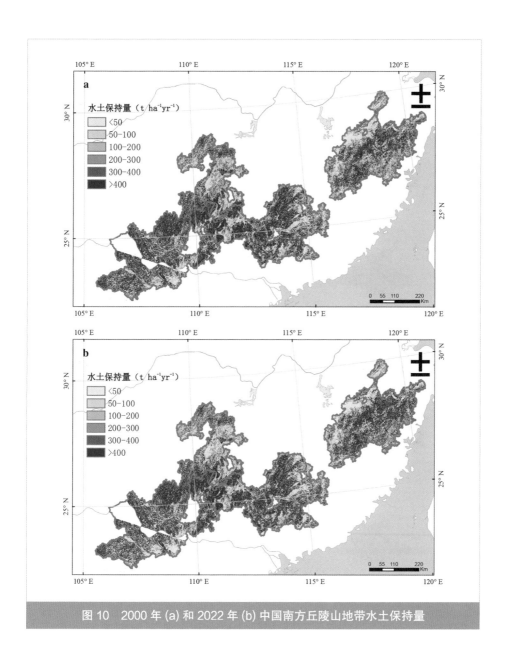

图 10　2000 年 (a) 和 2022 年 (b) 中国南方丘陵山地带水土保持量

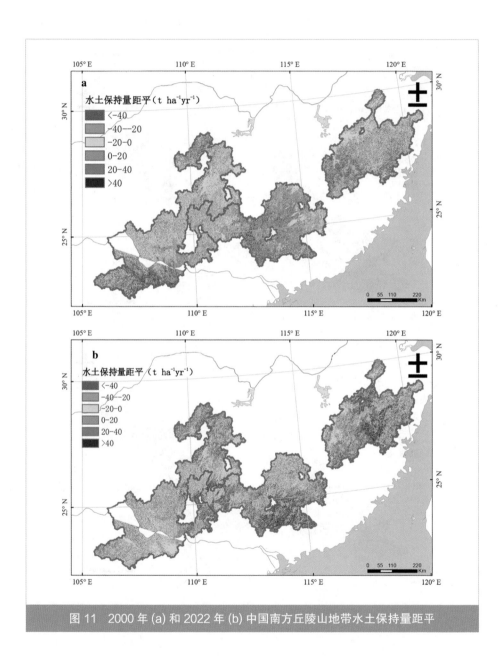

图 11　2000 年 (a) 和 2022 年 (b) 中国南方丘陵山地带水土保持量距平

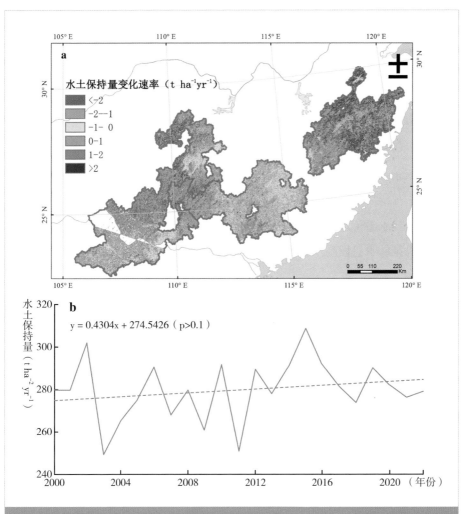

图 12 2000~2022 年中国南方丘陵山地带水土保持量变化趋势的空间分布 (a)
和区域平均的水土保持量的时间变化序列 (b)

注：（a）中斜线表示通过 99% 显著性检验。

五　南方丘陵山地带水源涵养的时空演变

（一）空间分布

2000~2022 年，南方丘陵山地带的水源涵养量平均为 112.8613 mm yr^{-1}，明显高于全国平均的植被水源涵养量（47mm yr^{-1}）。由于海拔、经度和纬度等地理位置差异，不同地区区域气候特征差异明显，通常气候湿润的地区水源涵养能力较好，因此南方丘陵山地带的多年平均的水源涵养量主要呈现为东高西低的特点，即武夷山区相对较高，可达 100 mm yr^{-1} 以上，而湘桂岩溶地区的水源涵养量较低，小于 50mm yr^{-1}；湘桂岩溶地区和南岭山区水源涵养量的南北分布特征也比较明显，南部明显高于北部地区。2000 年和 2022 年南方丘陵山地带水源涵养量的空间分布和多年平均的空间分布基本一致，但 2022年水源涵养量明显偏高（见图 13）。

（二）时间动态

2000~2022 年，南方丘陵山地带水源涵养量的变化不尽相同，相对于多年平均值，2000 年南方丘陵山地带的水源涵养量主要表现为负距平，负距平区域约占总面积的 83.11%（见图 14a）；2022 年南方丘陵山地带的水源涵养量主要表现为正距平，正距平区域约占总面积的 90.94%，并以南岭南部和广西东北部地区的增加幅度最大（见图 14b）。进一步分析发现，2000~2022 年，南方丘陵山地带约有 86.71% 的区域植被水土保持量呈增加趋势，且大值区主要位于湘桂岩溶地区的中部、南岭南部和武夷山区的北部，增加速率超过 1.5 mm yr^{-1}，通过了 99% 的显著性检验；水源涵养减小区域主要位于湘桂岩溶地区的南部和北部以及南岭北部部分地区（见图 15a）。2000~2022 年，区域平均的南方丘陵山地带的植被水源涵养量增加速率为 0.5799 mm yr^{-1}，通过 95% 显著性检验，高于全国平均的增加速率（0.12 mm yr^{-1}）（见图 15b）。地理条件、气候因素和人类活动等都可以影响水源涵养量的变化，为了更好地维护生态系统的水源涵养的服务功能，还需持续推进岩溶地区石漠化综合治理等重点生态工程建设，为我国南方形成生态安全屏障。

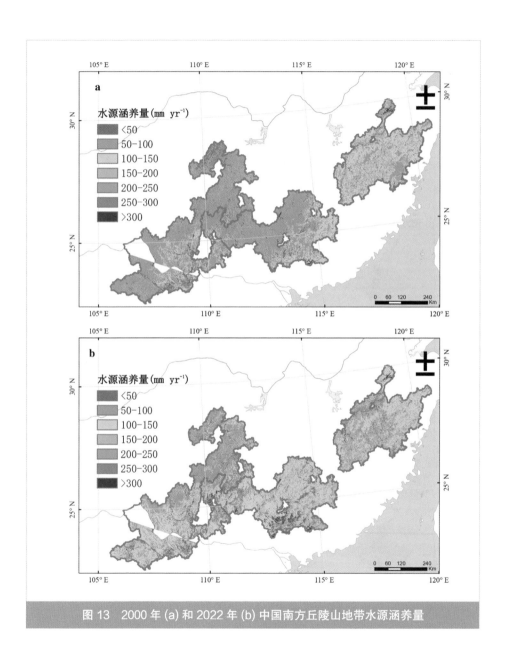

图 13　2000 年 (a) 和 2022 年 (b) 中国南方丘陵山地带水源涵养量

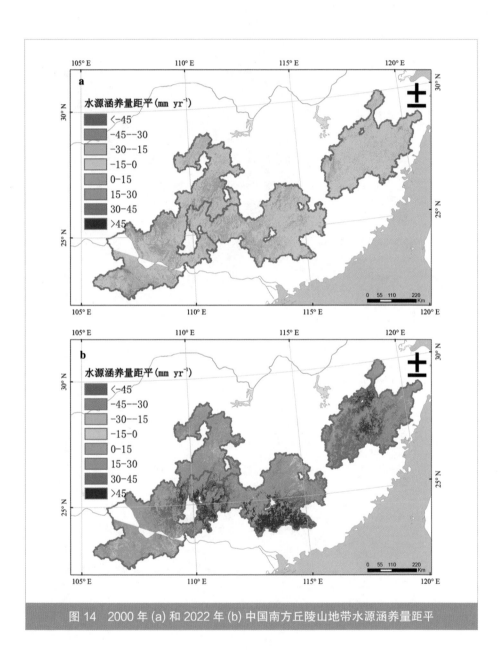

图 14 2000 年 (a) 和 2022 年 (b) 中国南方丘陵山地带水源涵养量距平

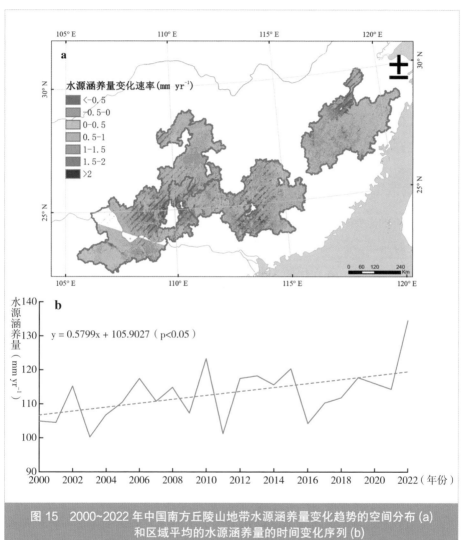

图 15　2000~2022 年中国南方丘陵山地带水源涵养量变化趋势的空间分布 (a)
和区域平均的水源涵养量的时间变化序列 (b)

注：(a) 中斜线表示通过 99% 显著性检验。

六 气候变化对南方丘陵山地带植被生态质量的影响

（一）南方丘陵山地带气候变化趋势

南方丘陵山地带是我国水热条件最为优越的地区之一，属于亚热带季风气候，雨热同季，降水丰富。2000~2022 年，南方丘陵山地带的年均气温整体表现为自北向南逐渐升高的空间分布特征，低值区主要位于浙江和江西部分地区；高值区主要出现在南岭以南，年均温度大于 21℃（见图 16a）。南方丘陵山地带降水丰富，年平均降水量在 1100mm 以上（见图 16b），由于该区地貌复杂，包含低山丘陵、武夷山和南岭等山脉，降水量的空间分配并不均匀，降水高值区主要位于武夷山区，高达 1850mm，其次在南岭地区，且由于山岭对南北气流的阻挡，南麓地区降水较北麓偏多，降水的低值区主要位于湖南中部和广西西部。

2000~2022 年，南方丘陵山地带年均气温整体表现为增温趋势（见图 17a），且自南向北增温速率逐渐增大，与我国气温总体变化趋势相近，即北方增温速率大于南方地区，区域内的增温大值区主要位于武夷山的北部地区，增温速率高达 0.08℃ yr^{-1}，25°N 以北大部分地区都通过 99% 显著性检验。需要注意的是，在南方丘陵山地带的西南部部分地区温度出现降低趋势。2000~2022 年，南方丘陵山地带区域平均的年均温的增温速率为 0.03℃ yr^{-1}，通过 99% 显著性检验（见图 17b）。

2000~2022 年，南方丘陵山地带降水的变化速率在空间上表现并不一致，江西南部、湖南东南部和广西中部部分地区降水减小，而在武夷山的北部、南岭南部和湘桂岩溶地区的中部降水表现为增加趋势（见图 18a），并以武夷山区和广西东北部地区的降水增加速率最大。就单独省份而言，降水基本上都表现为自南向北降水速率不断增加趋势。南方丘陵山地带区域平均的年降水量的年际波动较大，表现为弱的增加趋势，且未通过显著性检验（见图 18b）。

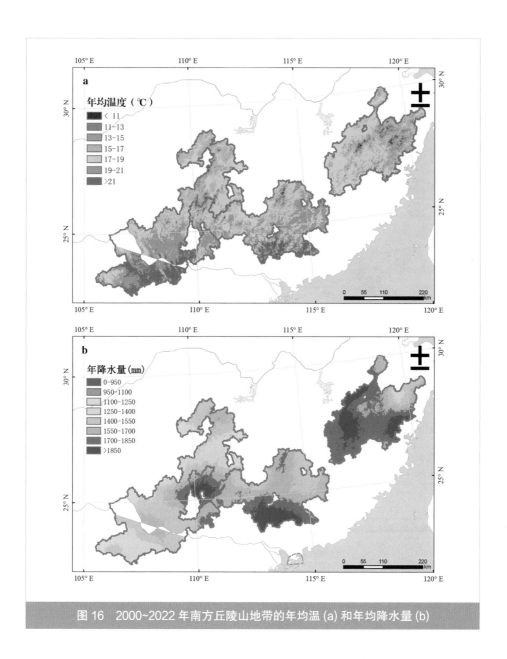

图 16　2000~2022 年南方丘陵山地带的年均温 (a) 和年均降水量 (b)

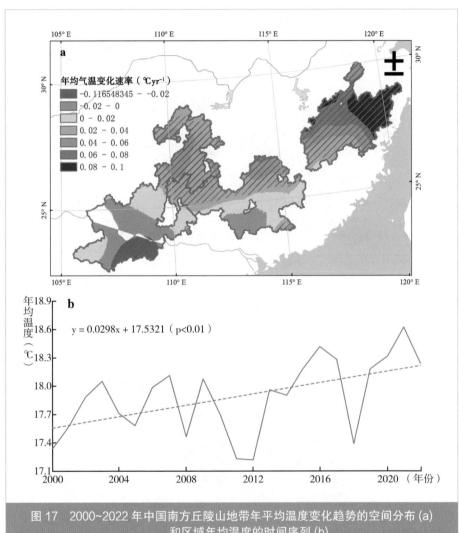

图 17　2000~2022 年中国南方丘陵山地带年平均温度变化趋势的空间分布 (a)
和区域年均温度的时间序列 (b)

注：其中（a）中＼表示通过 99% 显著性检验。

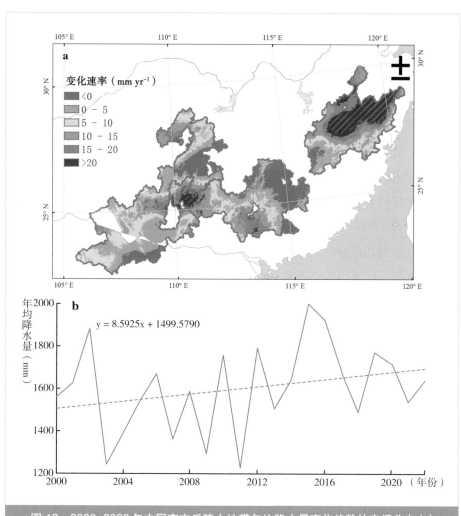

图 18 2000~2022 年中国南方丘陵山地带年均降水量变化趋势的空间分布 (a)
和区域年均降水量的时间序列 (b)

注：其中（a）中 ╱ 表示通过 95% 显著性检验。

（二）影响南方丘陵山地带植被动态的主要气候因子

植被与气候之间存在显著的耦合关系，气候变化可以改变植被的生理结构和功能，从而调节植被生产力。温度和降水是影响植被变化的重要因素。南方丘陵山地带植被生态质量与年均温和年降水量的相关系数分别为 0.48 和 0.82，分别通过 95% 和 99% 的显著性检验。这可能是因为升温可以提高植被的光合作用速率，延长生长季长度，同时加速土壤凋落物的分解，促进土壤养分矿化，增加了养分供给，从而提高植被生产力（徐雨晴等，2020）；而降水量的增加能够缓解水分胁迫，增加土壤湿度，有利于植被干物质的累积，并最终促进植被生态质量的提高。植被生态质量与温度和降水的标准化多元线性方法回归系数分别为 0.36 和 0.77，表明相对于温度，南方丘陵山地带的植被生态质量对降水的变化更为敏感。

南方丘陵山地带植被生态质量与温度的相关关系在空间上表现并不一致（见图 19a），区域内大部分地区的植被生态质量与温度表现为正相关关系，约占整个区域的 76.76%，但只在浙江南部和广西北部的零星地区通过 99% 显著性检验；湖南中部、广东北部、江西东部和广西中部部分地区的植被生态质量与温度则表现为负相关关系，这可能是因为植被与温度的关系存在一个阈值，当温度高于某一阈值时，将会增加植被的呼吸速率，加速植物干物质消耗，同时伴随着温度的升高，土壤水分蒸发加剧，植被为维持细胞水势，关闭气孔，从而导致光合速率降低，抑制了植被生长，导致植被生态质量的降低。

植被生态质量与降水的相关关系在空间上的表现比较一致，除零星地区外（1.95%）均表现为正相关关系（见图 19b），且大部分地区通过 99% 显著性检验。南方丘陵山地带植被生态质量对温度和降水的敏感性的空间分布如图 20 所示，整体上表现为对降水的敏感性更高，即降水对南方丘陵山地带植被生态质量的影响更大。

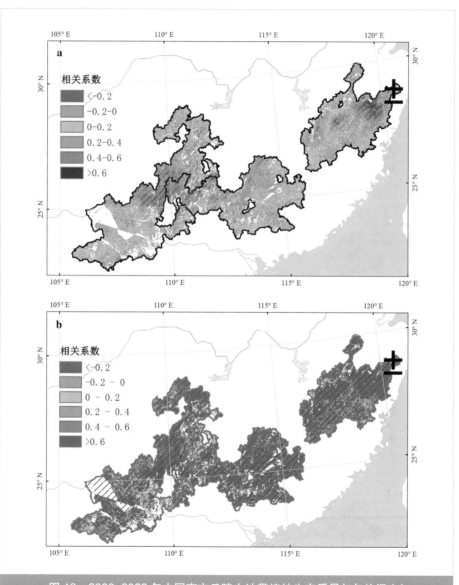

图 19　2000~2022 年中国南方丘陵山地带植被生态质量与年均温 (a)
和年均降水量 (b) 相关系数

注：其中（a）中 ⫽ 表示通过 95% 显著性检验。

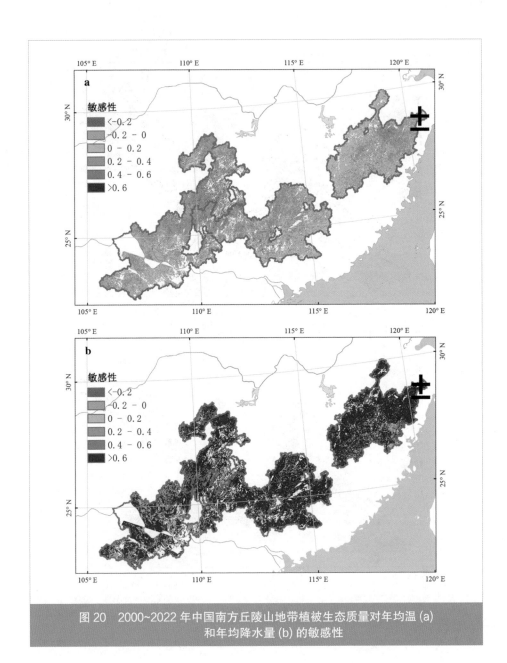

图 20　2000~2022 年中国南方丘陵山地带植被生态质量对年均温 (a)
和年均降水量 (b) 的敏感性

（三）南方丘陵山地带植被生态质量变化的气象贡献率

自工业革命以来，人类活动导致温室气体浓度迅速增加，全球地表温度显著增暖（Friedlingstein et al., 2020）。政府间气候变化专门委员会（IPCC）第六次评估报告指出，相对于1850~1900年，2011~2020年全球地表温度增加了1.09℃，其中陆地温度增加更快，约为1.59℃。伴随着全球变暖，降水格局改变，极端气候发生频率增加，引发了一系列环境问题。因此，有必要综合评价气候变化对植被生态质量的影响，为生态系统的保护和恢复提供依据。

2001~2022年南方丘陵山地带植被生态质量变化的气象贡献率主要表现为中度和高度正贡献（见图21），气候变化有利于促进植被生态质量的提升。气候变化对植被生态质量为负贡献的地区分布比较零散，约占区域总面积的6.36%。

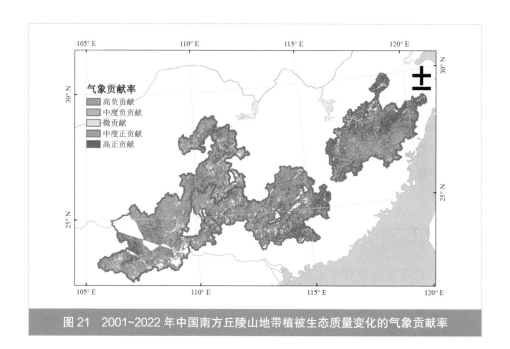

图21　2001~2022年中国南方丘陵山地带植被生态质量变化的气象贡献率

七 人类活动对南方丘陵山地带植被生态质量的影响

（一）土地利用变化的影响

除气候变化外，人类活动也是影响植被变化的重要因素（杨丹、王晓峰，2022）。随着科技的进步，人类活动能力增强，人口的迅速增长对资源需求的增大，引发了城市化的扩张等，从而导致土地利用与土地覆盖的改变。土地利用与土地覆盖的变化可以改变地表植被格局和结构，影响与植被光合作用、呼吸作用等直接相关的碳、氮和磷等元素的循环，也可以通过改变地表反照率等间接影响生态系统，导致植被生态质量变化（白娥、薛冰，2020）。

森林是南方丘陵山地带的主要植被类型，2000~2020 年土地利用类型叠加分析显示，南方丘陵山地带森林转化为其他用地类型的面积约为 5.10 万平方公里（见表 1）。尽管有其他土地利用类型向森林转变（约 4.93 万平方公里），但整体上森林面积仍表现为减少趋势，减小面积约为 0.17 万平方公里。森林是陆地生态系统的主体，其碳汇功能能够在一定程度上抵消 CO_2 的排放，在减缓气候变暖趋势方面发挥着重要作用。森林砍伐会直接减少植被生物量，限制植被生态质量的提高。与 2000 年相比，2020 年草地面积减少约 0.09 万平方公里。2020 年南方丘陵山地带农田面积与 2000 年相比变化也不大，可能是因为前期森林砍伐与后期退耕还林相互抵消造成。2000~2020 年南方丘陵山地带城乡建设用地（聚落）面积整体表现为增加趋势，增加面积约为 0.27 万平方公里。

（二）生态工程的影响

南方丘陵山地带属于水热丰沛的亚热带季风区，河流众多、水系发达，是长江流域、珠江流域等江河汇集区，具有复杂的森林生态系统。自党的十八大以来，受益于植树造林、退耕还林和封山育林等生态工程，南方丘陵山地带植被生产力呈上升趋势（王静等，2015），同时植被的恢复可以改变冠层结构和地表覆盖物，减少地表径流，降低径流的侵蚀力，改善土壤结构，

表 1　2000~2020 年南方丘陵山地带土地利用类型转移矩阵

单位：平方公里

		2020 年							
		农田	森林	草地	水体	荒漠	聚落	湿地	合计
2000 年	农田	—	32084	4447	909	9	2875	158	40482
	森林	33037	—	13708	1877	37	2116	180	50955
	草地	4279	14530	—	260	5	353	26	19453
	水体	843	1577	194	—	1	132	46	2793
	荒漠	12	39	4	2	—	1	—	58
	聚落	1681	896	161	91	—		13	2842
	湿地	155	138	15	50	—	22		380
	合计	40007	49264	18529	3189	52	5499	423	

提高土壤抗侵蚀能力，从而有效地调控水土流失，形成良性的生态循环（欧阳帅等，2021）。总体而言，生态工程的实施使得南方丘陵山地带石漠化面积持续减少、程度逐渐减轻，整体生态系统质量稳步提升，形成了我国南方重要的生态安全屏障。

　　但是，南方山地丘陵带城镇化率较高，资源需求较大，区域内森林生态系统质量和稳定性仍有待提高，水土流失和石漠化治理任务依旧艰巨。为全面实现生态文明建设，需要坚定绿水青山就是金山银山的理念，积极开展南岭山地森林及生物多样性保护工程、武夷山森林和生物多样性保护工程、湘桂岩溶地区石漠化综合治理工程和南方丘陵山地带矿山生态修复工程，促进林草植被保护与恢复，提高森林质量，提升自然灾害的防御能力，推进水土流失综合治理，最终实现筑牢南方生态安全屏障的总体目标。

B.10
海岸带植被生态质量及其归因分析

摘　要： 海岸带生态工程区植被生态质量相对较高，2000~2022年植被生态质量平均值为633 g C m^{-2} yr^{-1}，增加速率为9.20 g C m^{-2} yr^{-1}，约为全国同期平均植被生态质量增加速率的2倍，呈南高北低分布格局。植被NPP为1118 gC m^{-2}yr^{-1}，远高于全国平均值，增加速率为5.25 g C m^{-2} yr^{-1}，也超过全国平均增加速率；覆盖度为0.54，总体高于全国平均值，增加速率为0.0032 yr^{-1}，与全国平均值基本持平。植被水土保持量为86 t ha^{-1}yr^{-1}，低于全国平均值，年际间无明显变化趋势；水源涵养量为110 mm yr^{-1}，超过全国平均值，年际间无明显变化趋势。海岸带生态工程区气候暖湿化明显，年降水量和年均温度是制约我国海岸带生态工程区植被生态质量最主要的因子。植被生态质量变化的气象贡献率达85%。

关键词： 植被生态质量　气候暖湿化　气象贡献率　生态工程　海岸带生态工程区

　　海岸带是连接陆地与海洋的特殊地理单元，是陆地、海洋的交互作用地带。我国大陆海岸线长达18000多公里，在我国生态保护和修复工作中居于特殊且重要的地位。《全国重要生态系统保护和修复重大工程总体规划（2021–2035年）》中关于"海岸带生态工程区"范围，主要包括6个生态工程区，即从北到南依次为黄渤海生态综合整治与修复重点工程区、长江三角洲重要河口区生态保护和修复重点工程区、海峡西岸重点海湾和河口生态保护和修复重点工程区、粤港澳大湾区生物多样性保护重点工程区、北部湾典型滨海湿地生态系统保护和修复重点工程区、海南岛热带生态系统保护和修复重点工程区，涉及我国辽

宁、河北、天津、山东、江苏、上海、浙江、福建、广东、广西、海南等 11 个
省（区、市）的近岸近海区（见图 1）。本区域是我国经济最发达、对外开放程
度最高、人口最密集的区域，也是保护沿海地区生态安全的重要屏障。

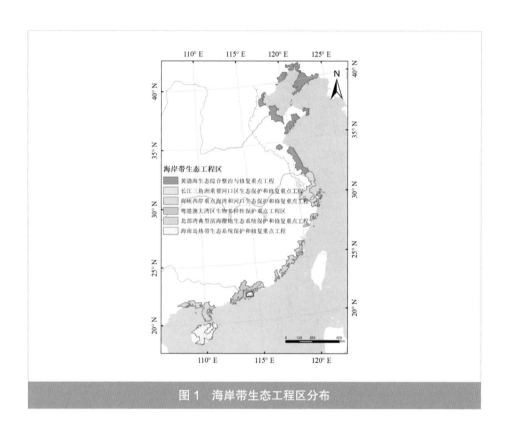

图 1 海岸带生态工程区分布

本报告重点评估 2000 年以来海岸带植被生态质量时空格局及其对气候变
化、土地利用和生态工程的响应，为海岸带高质量发展提供决策依据。

一　海岸带植被生态质量的时空演变

（一）空间分布

2000~2022 年，我国海岸带生态工程区植被生态质量平均为 633 g C

m^{-2}yr^{-1}，高于全国植被生态质量平均水平（467 g C m^{-2}yr^{-1}）。海岸带生态工程区植被生态质量存在南高北低的空间分异特征，总体呈自北向南由黄渤海向海南岛逐渐升高的趋势，与降水和温度具有相似的空间分布格局；并且，2000 年到 2022 年海岸带生态工程区植被生态质量有所提高，但其空间格局基本一致（见图 2）。北部的黄渤海海岸带生态工程区植被生态质量相对最低，平均值为 272 g C m^{-2} yr^{-1}；随着降水量和温度的增加，东南部的长江三角洲、海峡西岸、北部湾、粤港澳大湾区海岸带生态工程区植被生态质量相对较高，区域平均值分别为 594 g C m^{-2} yr^{-1}、690 g C m^{-2} yr^{-1}、680 g C m^{-2} yr^{-1} 和 728 g C m^{-2} yr^{-1}；海南岛海岸带生态工程区不仅降水和温度等气候条件有利于植被生长、主要为热带雨林等森林植被，并且植被的覆盖度也很高，该区域的植被生态质量也相对最高，区域平均值达到 835 g C m^{-2} yr^{-1}。

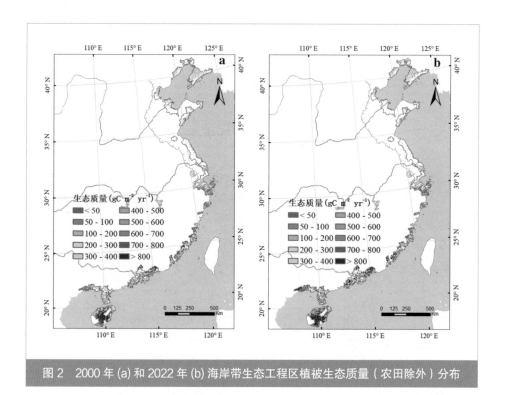

图 2　2000 年 (a) 和 2022 年 (b) 海岸带生态工程区植被生态质量（农田除外）分布

（二）时间动态

2000 年以来，我国海岸带生态工程区植被质量总体呈增加趋势（见图3），增加速率为 9.20 g C m⁻² yr⁻¹，约为全国同期平均植被生态质量增加速率（4.70 g C m⁻² yr⁻¹）的 2 倍；但年际间波动较大（493~798 g C m⁻² yr⁻¹），其中，2004 年海岸带生态工程区的植被生态质量为近 23 年最低，而 2022 年该区域的植被生态质量达到近 23 年最高值。2022 年，海岸带生态工程区大部分区域（87.4%）的植被生态质量高于多年平均值。但黄渤海海岸带生态工程区的辽宁和天津部分地区、长江三角洲重要河口区生态保护和修复重点工程区的南部、海峡西岸重点海湾和河口生态保护和修复重点工程区的北部、北部湾典型滨海湿地生态系统保护和修复重点工程区的西部、海南岛热带生态系统保护和修复重点工程区中部的少数地区的植被生态质量低于多年平均值（见图4）。

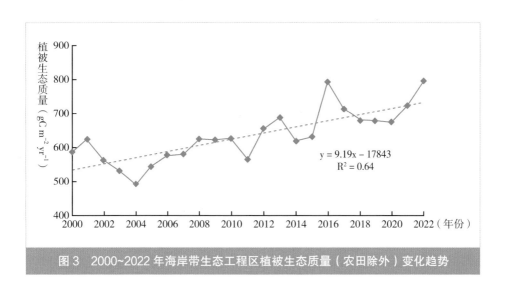

图 3　2000~2022 年海岸带生态工程区植被生态质量（农田除外）变化趋势

2000~2022 年，我国海岸带生态工程区约 96% 区域的植被生态质量呈现增加趋势。从空间格局上看，2000~2022 年海岸带植被生态质量变化速率总体呈现南高北低分布（见图5a）。其中，黄渤海生态综合整治与修复重点工程区、海峡西岸重点海湾和河口生态保护和修复重点工程区的植被生态质量增加速率相对较小，分别为 5.27 g C m^{-2} yr^{-1} 和 7.86 g C m^{-2} yr^{-1}；长江三角洲重要河口区生态保护和修复重点工程区、粤港澳大湾区生物多样性保护重点工程区的植被生态质量增加速率较高，分别为 11.97 g C m^{-2} yr^{-1} 和 11.98 g C m^{-2} yr^{-1}，这两个工程区较大部分区域的植被生态质量增加速率超过 15 g C m^{-2}yr^{-1}（见图 5b）；北部湾典型滨海湿地生态系统保护和修复重点工程区、海南岛热带生态系统保护和修复重点工程区的植被生态质量增加速率居中，分别为 9.73 g C m^{-2} yr^{-1} 和 10.46 g C m^{-2} yr^{-1}。

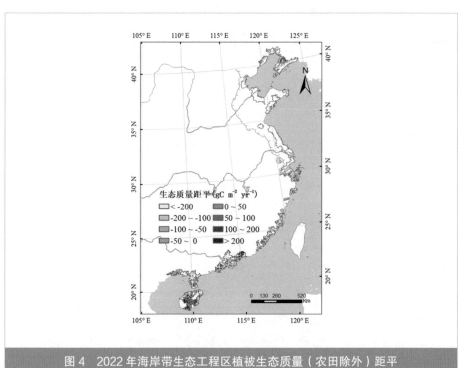

图 4　2022 年海岸带生态工程区植被生态质量（农田除外）距平

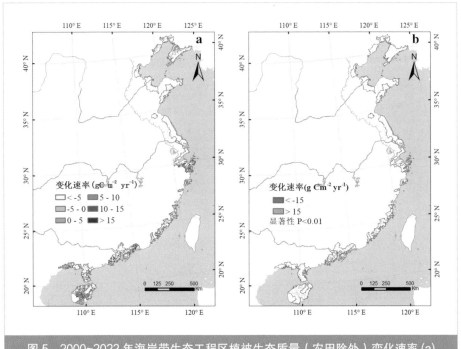

图 5　2000~2022 年海岸带生态工程区植被生态质量（农田除外）变化速率 (a)
和显著变化区 (b)

二　海岸带植被净初级生产力的时空演变

（一）空间分布

2000~2022 年，海岸带生态工程区的植被净初级生产力（NPP）平均
为 1118 g C m^{-2}yr^{-1}，远高于全国平均的植被 NPP（662.5g C m^{-2}yr^{-1}）。但海岸
带生态工程区植被 NPP 值波动范围很大，有约 16% 的区域植被 NPP 低于
全国平均值，主要分布在黄渤海海岸带生态工程区的辽宁、天津和山东的
部分地区，长江三角洲重要河口区生态保护和修复重点工程区的上海和浙
江北部的部分地区，海峡西岸重点海湾和河口生态保护和修复重点工程区
的中部福建厦门一带，以及粤港澳大湾区生物多样性保护重点工程区的广

州、中山和珠海部分地区；同时，海岸带生态工程区有约 1.6% 的区域植被 NPP 超过 2000 g C m^{-2}yr^{-1}，主要分布在黄渤海海岸带生态工程区江苏境内北部，以及海南岛热带生态系统保护和修复重点工程区的部分地区。总体上，北部的黄渤海海岸带生态工程区、南部的北部湾典型滨海湿地生态系统保护和修复重点工程区和海南岛海岸带生态工程区植被 NPP 高，而长江三角洲重要河口区生态保护和修复重点工程区、海峡西岸重点海湾和河口生态保护和修复重点工程区和粤港澳大湾区生物多样性保护重点工程区植被 NPP 较低；2000 年到 2022 年海岸带生态工程区植被 NPP 空间格局基本一致（见图 6）。

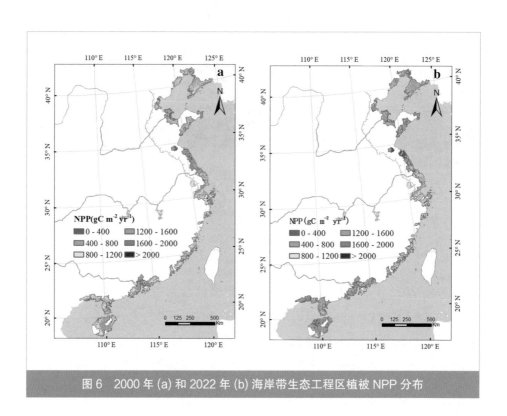

图 6　2000 年 (a) 和 2022 年 (b) 海岸带生态工程区植被 NPP 分布

（二）时间动态

2000~2022 年，我国海岸带生态工程区植被 NPP 变化范围在 1020 g C m^{-2} yr^{-1}（2003 年）和 1223 g C m^{-2} yr^{-1}（2022 年）之间，总体呈上升趋势，增加速率为 5.25 g C m^{-2} yr^{-1}（见图 7），超过全国平均值。2022 年，海岸带生态工程区约 62% 区域的植被 NPP 高于多年平均值，在海岸带的各个工程区均有分布。尤其有 17% 的区域植被 NPP 距平超过 400 g C m^{-2} yr^{-1}，集中分布在粤港澳大湾区生物多样性保护重点工程区东北部的惠东县和海丰县、南部的台山市，以及海南岛热带生态系统保护和修复重点工程区东部的文昌、琼海和万宁；但 2022 年海岸带生态工程区有 38% 区域的植被 NPP 距平值为负，主要在黄渤海海岸带生态工程区南部的江苏境内区域（见图 8）。

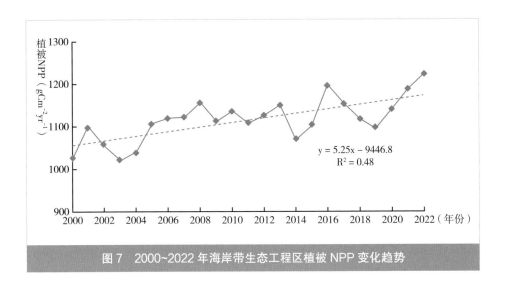

图 7　2000~2022 年海岸带生态工程区植被 NPP 变化趋势

2000~2022 年，我国海岸带生态工程区近 67% 区域的植被 NPP 呈现升高趋势（见图 9a）。其中，海岸带生态工程区近 33% 区域的植被 NPP 上升趋势显著（速率超过 10 g C m^{-2} yr^{-1}，P<0.01），在海岸带的各个工程区均有，集

中分布区主要包括长江三角洲重要河口区生态保护和修复重点工程区南部的宁波和舟山一带、粤港澳大湾区生物多样性保护重点工程区的东北部和南部、北部湾典型滨海湿地生态系统保护和修复重点工程区的雷州半岛、海南岛热带生态系统保护和修复重点工程区的东部；海岸带生态工程区植被 NPP 下降趋势显著的区域主要分布在黄渤海生态综合整治与修复重点工程区内南端的盐城和南通，以及长江三角洲重要河口区生态保护和修复重点工程区的北部如上海和嘉兴及杭州部分地区，下降速率超过 $10\,\mathrm{g\,C\,m^{-2}yr^{-1}}$（见图9b）。

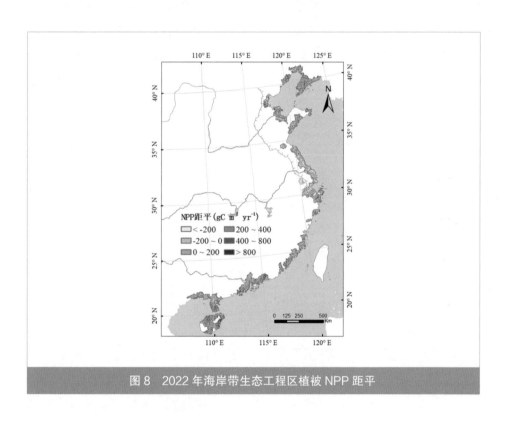

图8　2022年海岸带生态工程区植被 NPP 距平

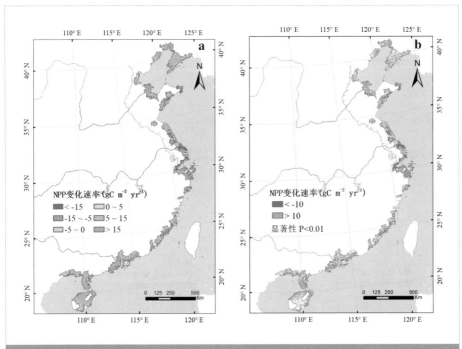

图 9　2000~2022 年海岸带生态工程区植被 NPP 变化速率 (a) 和显著变化区 (b)

三　海岸带植被覆盖度的时空演变

（一）空间分布

海岸带生态工程区植被覆盖度呈由北向南升高的趋势。2000~2022 年，海岸带生态工程区的植被覆盖度平均为 0.54，总体高于全国平均的植被覆盖度 0.475，海岸带生态工程区超过 60% 区域的植被覆盖度高于全国平均值。特别是，海南岛热带生态系统保护和修复重点工程区植被主要为雨林和季雨林等森林植被，该工程区超过 35% 区域的植被覆盖度大于 0.80；海岸带生态工程区植被覆盖度低于全国平均值的区域主要分布在黄渤海海岸带生态工程区（平均植被覆盖度 0.42），工程区超过 65% 区域的植被覆盖度低于全国平均值，主要位于黄渤海海岸带生态工程区北端的辽宁、天津、山东境内。相对于 2000 年, 2022 年海峡西岸重点海湾和河口生态保护和修复重点工程区大部分地区植被覆盖度明显升高 (见图 10)。

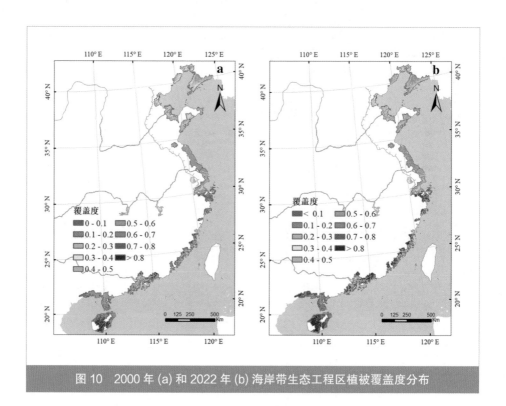

图 10　2000 年 (a) 和 2022 年 (b) 海岸带生态工程区植被覆盖度分布

（二）时间动态

2000~2022 年, 我国海岸带生态工程区植被覆盖度呈现显著的升高趋势（R^2=0.85）, 变化范围在 0.50 g C m^{-2} yr^{-1} (2005 年) 和 0.58 g C m^{-2} yr^{-1} (2022年) 之间, 增加幅度达 16%, 平均增加速率为 0.0032 yr^{-1} (见图 11)。2022 年, 海岸带生态工程区约 80% 区域的植被覆盖度高于多年平均值; 仅黄渤海生态综合整治与修复重点工程区内南端的江苏东南沿海, 海峡西岸重点海湾和河口生态保护和修复重点工程区内福建厦门、泉州和莆田一带沿海, 以及海南岛中部个别区域, 植被覆盖度低于多年平均值 (见图 12)。

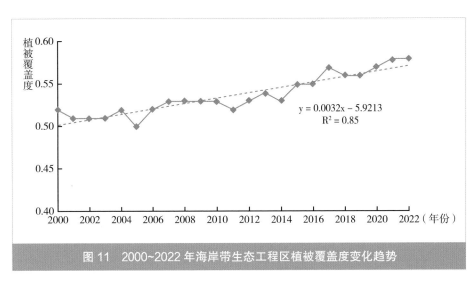

图 11　2000~2022 年海岸带生态工程区植被覆盖度变化趋势

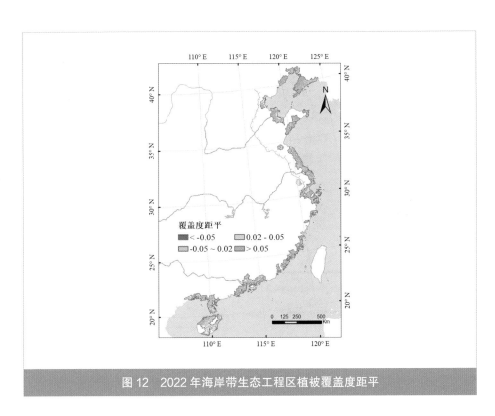

图 12　2022 年海岸带生态工程区植被覆盖度距平

2000~2022 年，我国海岸带生态工程区约 81% 区域的植被覆盖度呈升高趋势（见图 13a）。其中，海峡西岸重点海湾和河口生态保护和修复重点工程区内福建的云霄和漳浦、粤港澳大湾区生物多样性保护重点工程区的深圳、北部湾典型滨海湿地生态系统保护和修复重点工程区内广西的合浦和大风江两岸、广东的高桥和雷州半岛中西部，以及海南岛的西北部沿海地区的植被覆盖度升高趋势最显著，上升速率超过 0.01 yr^{-1}（P<0.01）；海岸带生态工程区约 4% 区域的植被覆盖度下降趋势显著，主要分布在海峡西岸重点海湾和河口生态保护和修复重点工程区内的福建厦门和泉州、粤港澳大湾区生物多样性保护重点工程区的广东中山北部、海南岛海口的个别地区，下降速率超过 –0.01 yr^{-1}（P<0.01）（见图 13b）。

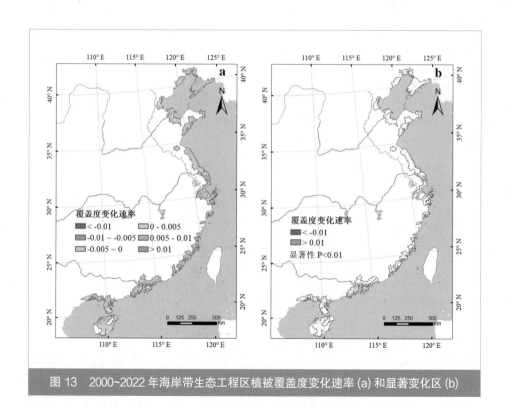

图 13 2000~2022 年海岸带生态工程区植被覆盖度变化速率 (a) 和显著变化区 (b)

四　海岸带水土保持的时空演变

（一）空间分布

2000~2022 年，海岸带生态工程区的植被水土保持量平均为 86 t ha^{-1}yr^{-1}，低于全国平均的植被水土保持量（108 t ha^{-1}yr^{-1}）。但海岸带生态工程区植被水土保持量空间波动较大，有近71% 的区域植被水土保持量低于全国平均值，尤其黄渤海海岸带生态工程区内辽宁盘锦、沧州东部、江苏盐城和南通沿海地区，以及长江三角洲重要河口区生态保护和修复重点工程区的上海部分地区，植被水土保持量一般小于 20 t ha^{-1}yr^{-1}；海岸带生态工程区植被水土保持量高于全国平均值的地区主要包括黄渤海海岸带生态工程区内辽宁大连、粤港澳大湾区生物多样性保护重点工程区大部分地区、北部湾典型滨海湿地生态系统保护和修复重点工程区广西防城港南部沿海，以及海南岛海岸带生态工程区南部。其中，海岸带生态工程区有约 15% 区域的植被水土保持量超过 300 t ha^{-1}yr^{-1}。总体上，黄渤海海岸带生态工程区、长江三角洲重要河口区生态保护和修复重点工程区和北部湾典型滨海湿地生态系统保护和修复重点工程区植被的水土保持量较低，而海峡西岸重点海湾和河口生态保护和修复重点工程区、粤港澳大湾区生物多样性保护重点工程区和海南岛热带生态系统保护和修复重点工程区植被的水土保持量较高；2000 年到 2022 年海岸带生态工程区植被水土保持量的空间格局基本一致（见图 14）。

（二）时间动态

2000~2022 年，我国海岸带生态工程区植被水土保持量年间有波动，但无明显变化趋势，最小值出现在 2004 年（73 t ha^{-1}yr^{-1}），最大值出现在 2010 年（96 t ha^{-1}yr^{-1}），2013 年接近最大值后，连续 7 年植被水土保持量低于海岸带生态工程区植被水土保持量多年平均值（86 t ha^{-1}yr^{-1}），此后，海岸带生态工程区植被水土保持量开始上升（见图 15）。2022 年，海岸带生态工程区植被水土保持量接近 2010 年，约 36% 区域的植被水土保持量高于多年平均值，主要分布在黄渤海海岸带生态工程区北部的辽宁、河北沧州和山东境内，以

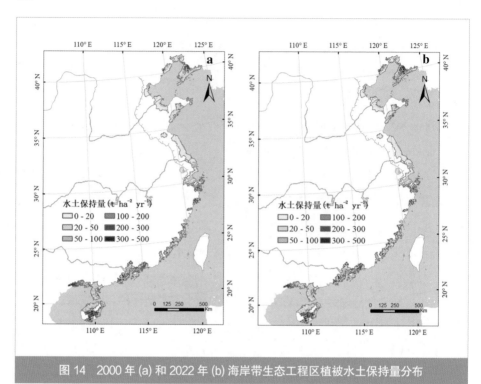

图 14 2000 年 (a) 和 2022 年 (b) 海岸带生态工程区植被水土保持量分布

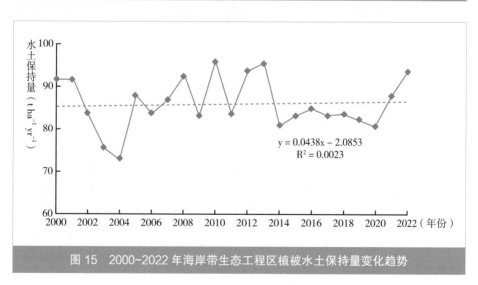

图 15 2000~2022 年海岸带生态工程区植被水土保持量变化趋势

及粤港澳大湾区生物多样性保护重点工程区、北部湾典型滨海湿地生态系统
保护和修复重点工程区内雷州半岛部分地区（见图 16）。

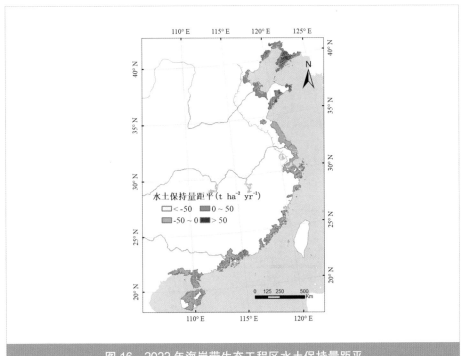

图 16 2022 年海岸带生态工程区水土保持量距平

2000~2022 年，我国海岸带生态工程区近 42% 区域的植被水土保持量呈现升高趋势，主要分布在黄渤海生态综合整治与修复重点工程区和长江三角洲重要河口区生态保护和修复重点工程区，其他 4 个工程区植被水土保持量近 23 年主要呈现下降趋势（见图 17a）。其中，黄渤海海岸带生态工程区内大连和葫芦岛、长江三角洲重要河口区生态保护和修复重点工程区的宁波和舟山、海峡西岸重点海湾和河口生态保护和修复重点工程区的福州沿海部分地区的植被水土保持量升高趋势最显著，增加速率超过 2 t ha⁻¹yr⁻¹；而海峡西岸重点海湾和河口生态保护和修复重点工程区的厦门和泉州一带，以及北部湾典型滨海湿地生态系统保护和修复重点工程区广西境内部分地区的植被水土保持量显著下降，下降速率超过 2 t ha⁻¹yr⁻¹（见图 17b）。

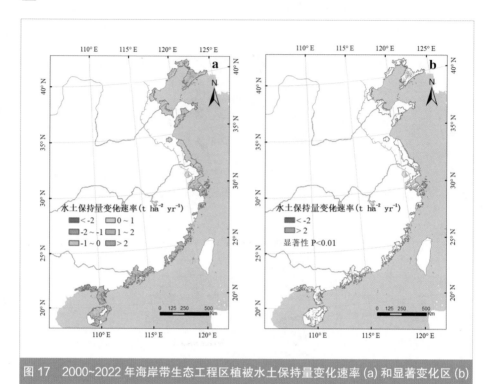

图 17　2000~2022 年海岸带生态工程区植被水土保持量变化速率 (a) 和显著变化区 (b)

五　海岸带水源涵养的时空演变

（一）空间分布

2000~2022 年，海岸带生态工程区的植被水源涵养量呈现明显的由北向南升高的趋势，海岸带生态工程区的植被水源涵养量平均为 110 mm yr^{-1}，超过全国平均的植被水源涵养量（47mm yr^{-1}）1 倍多。海岸带生态工程区近 75% 区域的水源涵养量高于全国平均值；水源涵养量低于全国平均值的地区主要分布在黄渤海海岸带生态工程区北部辽宁、河北和山东部分地区，粤港澳大湾区生物多样性保护重点工程区内深圳和东莞部分地区，北部湾典型滨海湿地生态系统保护和修复重点工程区大部分地区。总体上，黄渤海生态综合整治与修复重点工程区的水源涵养量较低（均值为 71 mm yr^{-1}），长江三角洲重要河口区生态保护和修复重点工程区、海峡西岸重点海湾和河口生态保护和修复重点工程区、北部湾典型滨海湿地生态系统保护和修复重点工程区的水源涵养量居中（均值为112~123 mm yr^{-1}），粤港澳大湾区生物多样性保护重点工程区和海南岛热带生态系统保护和修复重点工程区的水源涵养量较高（均值超过 140 mm yr^{-1}），且 2000年到 2022 年海岸带生态工程区植被水源涵养量的空间格局基本一致（见图18）。

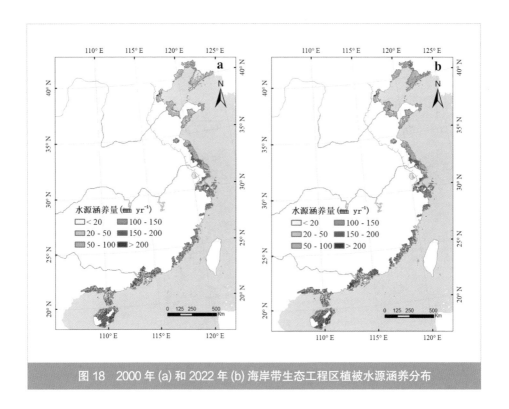

图 18　2000 年 (a) 和 2022 年 (b) 海岸带生态工程区植被水源涵养分布

（二）时间动态

2000~2022 年，我国海岸带生态工程区植被水源涵养量年间有波动，但无明显变化趋势，最小值出现在 2004 年（102 mm yr^{-1}），最大值出现在 2022年（121 mm yr^{-1}）（见图 19）。2022 年，海岸带生态工程区约 65% 区域的植被水源涵养量高于多年平均值；海岸带生态工程区植被水源涵养量低于多年平

均值的区域主要分布在黄渤海生态综合整治与修复重点工程区和北部湾典型滨海湿地生态系统保护和修复重点工程区（见图 20）。

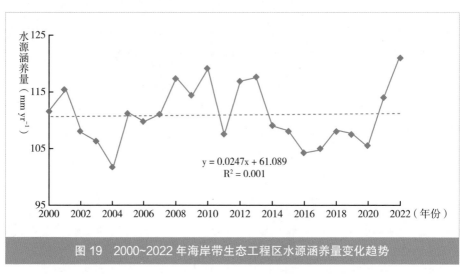

图 19　2000~2022 年海岸带生态工程区水源涵养量变化趋势

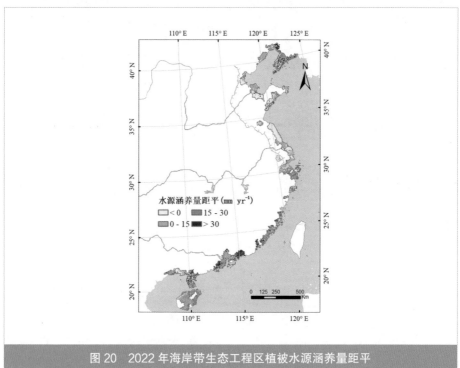

图 20　2022 年海岸带生态工程区植被水源涵养量距平

2000~2022 年，我国海岸带生态工程区约 57% 区域的植被水源涵养量呈现升高趋势，主要分布在黄渤海生态综合整治与修复重点工程区和长江三角洲重要河口区生态保护和修复重点工程区（见图 21a）。其中，黄渤海海岸带生态工程区内大连、天津、山东的东营和潍坊，长江三角洲重要河口区生态保护和修复重点工程区内上海南部、嘉兴、杭州、绍兴和宁波沿海部分地区植被水源涵养量升高趋势显著，增加速率超过 1mm yr^{-1}（P<0.01）；而海峡西岸重点海湾和河口生态保护和修复重点工程区大部分地区、粤港澳大湾区生物多样性保护重点工程区西北部、北部湾典型滨海湿地生态系统保护和修复重点工程区的东南部和西部部分地区，以及海南岛工程区的西南部地区的植被水源涵养量显著下降，下降速率超过 1mm yr^{-1}（P<0.01）（见图 21b）。

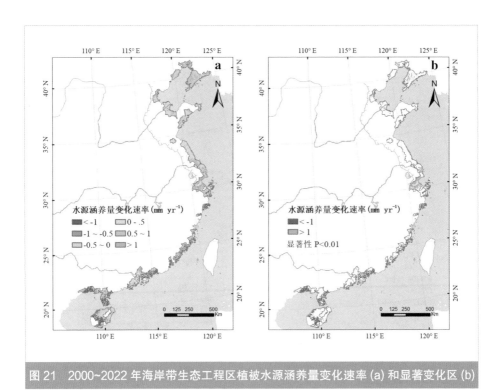

图 21　2000~2022 年海岸带生态工程区植被水源涵养量变化速率 (a) 和显著变化区 (b)

六 气候变化对海岸带植被生态质量的影响

（一）海岸带气候变化趋势

海岸带区域是高强度全球气候变暖影响下的空间单元（骆永明，2016）。2000~2022 年，我国海岸带生态工程区多年平均降水量 1215 mm，接近全国多年平均降水量（628 mm）的 2 倍；各工程区近 23 年平均年降水量变化范围为648~1874 mm，其中，黄渤海生态综合整治与修复重点工程区的年降水量最低，而粤港澳大湾区生物多样性保护重点工程区的年降水量最高（见图22a）；2000~2022 年，我国海岸带生态工程区多年平均气温为 16 ℃，呈现北低南高格局，各工程区平均气温变化范围为 10.98~21.05 ℃，粤港澳大湾区生物多样性保护重点工程区的年均气温最高（见图22b）。

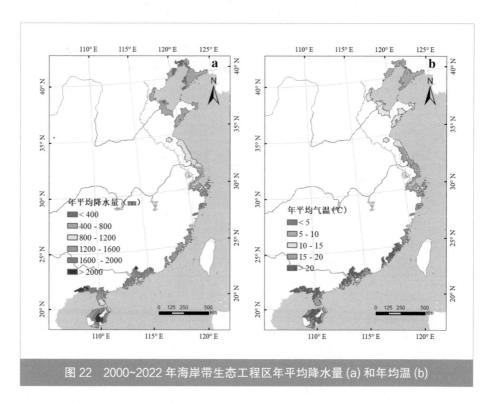

图 22　2000~2022 年海岸带生态工程区年平均降水量 (a) 和年均温 (b)

海岸带生态工程区气候变暖较为显著。2000~2022 年，我国海岸带生态工程区年均气温范围为 14.12~17.98 ℃，年气温增加速率为 0.112 ℃ yr^{-1}（见图 23a），远超同期全国年气温增加速率（0.041 ℃ yr^{-1}），为全国平均增温速率的 2~3 倍。海岸带生态工程区约 98% 区域的年均气温呈增加趋势，仅 2% 区域的年均气温呈下降趋势（见图 23b）。海岸带生态工程区约 81% 区域的年均气温增加速率超过同期全国平均年气温增加速率（0.041 ℃ yr^{-1}），约 53% 区域的年均气温增加速率超过 0.1 ℃ yr^{-1}，主要包括黄渤海生态综合整治与修复重点工程区的辽东半岛和黄河口附近区域、长江三角洲重要河口区生态保护和修复重点工程和海南岛热带生态系统保护和修复重点工程区的大部分区域，以及粤港澳大湾区生物多样性保护重点工程区和北部湾典型滨海湿地生态系统保护和修复重点工程区的东南部区域。年均气温下降区主要分布在北部湾典型滨海湿地生态系统保护和修复重点工程区的西部。海岸带各生态工程区年均气温升高的速率，以黄渤海生态综合整治与修复重点工程区最低（0.087 ℃ yr^{-1}）、海南岛热带生态系统保护和修复重点工程区最高（0.149 ℃ yr^{-1}），分别为同期全国平均年气温增加速率（0.041 ℃ yr^{-1}）的 2.12 倍和 3.63 倍（见图 23b）。

2000~2022 年，我国海岸带生态工程区平均年降水量在 944~1545 mm 之间波动，总体呈增加趋势，增加速率为 9.8 mm yr^{-1}（见图 24a），约为同期全国平均年降水增加速率（5.4 mm yr^{-1}）的 1.8 倍。从空间分布看，海岸带生态工程区约 83% 区域的年降水量呈增加趋势；17% 区域的年降水量呈减少趋势（见图 24b）。其中，海峡西岸重点海湾和河口生态保护和修复重点工程区年降水增加速率相对最低（4.2 mm yr^{-1}），长江三角洲重要河口区生态保护和修复重点工程区年降水增加速率相对最高（25.3 mm yr^{-1}）。年降水量减少区主要分布在海峡西岸重点海湾和河口生态保护和修复重点工程区，以及粤港澳大湾区生物多样性保护重点工程区和北部湾典型滨海湿地生态系统保护和修复重点工程区的中部区域（见图 24b）。

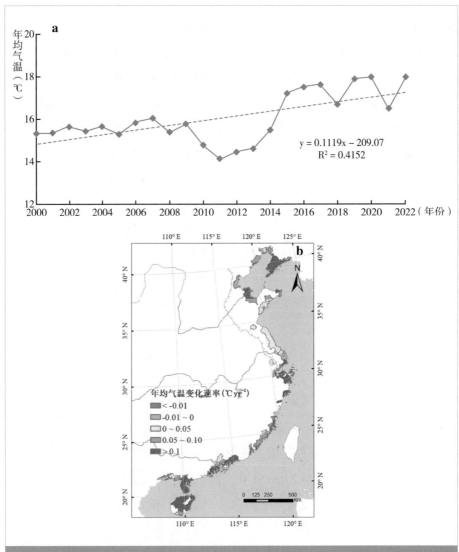

图 23　2000~2022 年海岸带生态工程区年均温变化速率 (a) 及其空间分布 (b)

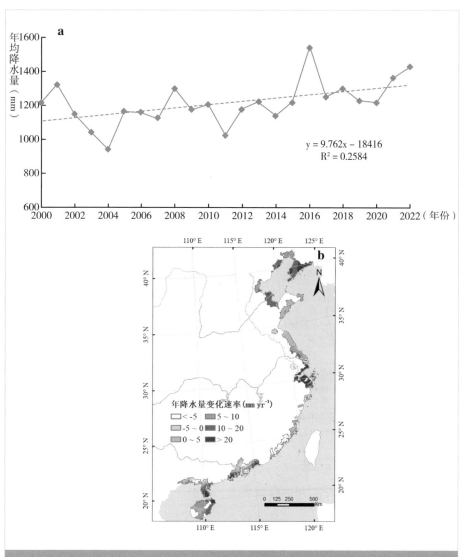

图 24　2000~2022 年海岸带生态工程区年均降水量变化速率 (a) 及其空间分布 (b)

（二）影响海岸带植被生态质量的主要气候因子

基于对海岸带生态工程区植被生态质量与年降水量（P）、年均温（T）、最高气温（Tmax）、最低气温（Tmin）、相对湿度（RH）、太阳辐射（R）、日照时数（SH）和风速（W）等气候因子关系的相关分析表明（见表 1），植被生态质量与降水量、最高气温、相对湿度、太阳辐射呈显著正相关关系；而与年均温、最低气温、日照时数呈显著负相关关系；与风速相关性不显著。根据相关系数及其显著性，年降水量和年均温是制约我国海岸带植被生态质量最主要的气候因子，相关系数分别为 0.343 和 –0.176。

表 1 海岸带生态工程区植被生态质量与气候因子之间的相关性

气候因子	P	T	Tmax	Tmin	RH	R	SH	W
Pearson 相关系数	0.343***	–0.176***	0.139***	–0.167***	0.079**	0.077**	–0.066*	0.050

注：P，年降水量；T，年均温；Tmax，最高气温；Tmin，最低气温；RH，相对湿度；R，太阳辐射；SH，日照时数；W，风速；***，$p<0.001$；**，$p<0.01$；*，$p<0.05$。

（三）海岸带植被生态质量变化的气象贡献率

2001~2022 年，我国海岸带植被生态质量变化的气象贡献率约为 85%；绝大部分区域的气象条件对植被生态质量变化的贡献率为正贡献（见图 25a）。其中，长江三角洲重要河口区生态保护和修复重点工程区植被生态质量变化的气象贡献率以高度正贡献为主；同时，海岸带生态工程区约有 6.7% 区域的植被生态质量变化的气象贡献率为负，主要零星分布在黄渤海生态综合整治与修复重点工程区。比较海岸带各生态工程区植被生态质量变化的气象贡献率发现，长江三角洲重要河口区生态保护和修复重点工程区植被生态质量变化的气象贡献率最高（1.08，高度正贡献），其他海岸带生态工程区植被生态质量变化的气象贡献率范围在 0.74~0.96（中度正贡献）（见图 25a）。

2001~2022 年，我国海岸带生态工程区植被生态质量变化的气象贡献率变化趋势如图 25b 所示。海岸带大部分生态工程区植被生态质量变化的气象贡献率呈减少趋势，只是在黄渤海生态综合整治与修复重点工程区、长江三角洲重要河口区生态保护和修复重点工程区略呈增加趋势。

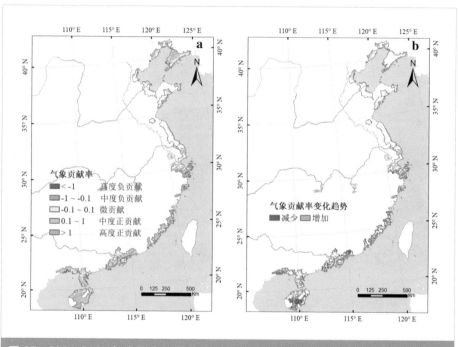

图 25　2001~2022 年我国海岸带生态工程区植被生态质量变化（农田除外）的气象贡献率 (a) 以及气象贡献率变化趋势的空间分布 (b)

七　人类活动对海岸带植被生态质量的影响

（一）土地利用的影响

2000~2020 年，土地利用类型叠加分析显示，我国海岸带农田和森林两种类型变化较大，变化面积分别约为 2.84 万平方公里和 1.71 万平方公里。从面积变化趋势看，海岸带生态工程区的农田、森林、草地、荒漠和湿地面积呈减少趋势，水体和城镇用地面积呈增加趋势。其中，水体面积净增约 0.35 万平方公里，城镇用地面积净增约 0.78 万平方公里（见表 2）。建设用地扩张将直接导致植被净初级生产力和植被覆盖度显著下降（汲玉河等，2021）。

表 2　2000~2020 年我国海岸带生态工程区土地利用类型转移矩阵

单位：平方公里

		2020 年							
		农田	森林	草地	水体	荒漠	聚落	湿地	合计
2000 年	农田	—	10744	1521	2953	37	12660	443	28358
	森林	10478	—	2325	1077	32	2984	154	17050
	草地	2463	2579	—	860	27	690	236	6855
	水体	2262	777	164	—	20	1274	325	4822
	荒漠	298	32	15	374	—	136	75	930
	聚落	6181	1283	253	2373	37	—	123	10250
	湿地	683	169	98	682	16	345	—	1993
	合计	22365	15584	4376	8319	169	18089	1356	

（二）生态工程的影响

为促进海岸带生态保护和修复，我国先后出台了多部规章制度，不断强化海岸线、滨海湿地、海岛等生态保护、围填海管控和污染防治等工作，沿海地区积极推进海岸带整治修复和保护工作。"十三五"期间，累计实施了 15 个海岸带保护修复项目，初步遏制了局部海域红树林、盐沼等典型生态系统的退化趋势，有效促进了海岸生态工程区植被生态质量的改善。

2001~2022 年，我国海岸带生态工程区植被生态质量变化的人为活动贡献率总体约为 15%，呈逐年上升趋势，尤其 2017~2020 年人为活动贡献率上升显著。对比海岸带各生态工程区植被生态质量变化的人为活动贡献率发现，黄渤海生态综合整治与修复重点工程区、粤港澳大湾区生物多样性保护重点工程区、北部湾典型滨海湿地生态系统保护和修复重点工程区、海南岛热带生态系统保护和修复重点工程区植被生态质量变化的人为活动贡献率为中度正贡献（0.1~1），而 2001~2022 年人为活动对长江三角洲重要河口区生态保护和修复重点工程区、海峡西岸重点海湾和河口生态保护和修复重点工程区的贡献率等级为无贡献。但从人为活动贡献率的年间变化趋势上看，黄渤海生态综合整治与修复重点工程区、长江三角洲重要河口区生态保护和修复重点工程区植被生态质量变化的人为活动贡献率有下降趋势，其他生态工程区尤其是粤港澳大湾区生物多样性保护重点工程区植被生态质量变化的人为活动贡献率有明显上升趋势。

附　录
研究方法

（一）实际植被净初级生产力和覆盖度

1.森林实际植被净初级生产力

森林实际植被净初级生产力按公式（A.1）计算：

$$N_1 = 97.13 \times I_{NDVI,\,a} + 0.022 \times P \times T + 0.128 \times P - 9.136 \times T - 0.027 \times H + 333.67$$

$$（A.1）$$

式中：

N_1——森林实际植被净初级生产力，单位为克碳每平方米（g/m^2）；

$I_{NDVI,\,a}$——年最大归一化植被指数；

P——年降水量，单位为毫米（mm）；

T——年均气温，单位为摄氏度（℃）；

H——海拔高度，单位为米（m）。

2.草原与荒漠实际植被净初级生产力

全国草原和荒漠划分为六大区域，其风干重系数、地下与地上部分生物量比例系数和鲜草质量的遥感监测模型按表1确定。不同类型草原与荒漠的实际植被净初级生产力按公式（A.2）计算：

$$N_2 = 0.05 \times m \times f_1 \times (1 + f_2) \qquad （A.2）$$

式中：

N_2——草原与荒漠实际植被净初级生产力，单位为克碳每平方米（g/m^2）；

m——草原与荒漠实际植被每公顷的鲜草质量，单位为千克（kg）；

f_1——风干重系数；

f_2——地下与地上部分生物量比例系数。

表 1　全国草原和荒漠植被的风干重系数、地下与地上部分生物量比例系数和鲜草质量的遥感监测模型				
区域	省区	风干重系数（f_1）	地下与地上部分生物量比例系数（f_2）	模型
I区：东北温带半湿润草甸草原区	黑龙江、辽宁、吉林和内蒙古东部	0.29	5.26	$m = 385.362 \times exp\left(3.813 \times I_{NDVI,\,a}\right)$
II区：蒙甘宁温带半干旱草原和荒漠草原区	内蒙古大部、甘肃和宁夏	0.34	4.25	$m = 193.585 \times exp\left(4.9841 \times I_{NDVI,\,a}\right)$
III区：华北暖温带半湿润、半干旱暖性灌丛区	河北、山西和陕西	0.31	4.42	$m = 18377 \times I_{NDVI,\,a}^{2.0233}$
IV区：西南亚热带湿润热性灌草丛区	四川大部、重庆、云南、贵州和广西	0.31	4.42	$m = 21399 \times I_{NDVI,\,a}^{3.0498}$
V区：新疆温带、暖温带干旱荒漠和山地草原区	新疆	0.33	7.89	$m = 409.91 \times exp\left(3.9099 \times I_{NDVI,\,a}\right)$
VI区：青藏高原高寒草原区	青海、西藏和四川阿坝州	0.32	7.92	$m = 225.42 \times exp\left(4.4368 \times I_{NDVI,\,a}\right)$

注1：m 为每公顷鲜草质量，单位为千克（kg）。

注2：$I_{NDVI,\,a}$ 为年最大归一化植被指数。

3. 湿地实际植被净初级生产力

湿地实际植被净初级生产力按公式（A.3）计算：

$$N_3 = 1712.5 \times I_{NDVI,\ a} + 112.38 \qquad\qquad （A.3）$$

式中：

N_3——湿地实际植被净初级生产力，单位为克碳每平方米（g/m^2）；

$I_{NDVI,\ a}$——年最大归一化植被指数。

4. 实际植被覆盖度

实际植被覆盖度按公式（A.4）计算：

$$C = (I_{NDVI} - I_{NDVI,\ min}) / (I_{NDVI,\ max} - I_{NDVI,\ min}) \qquad\qquad （A.4）$$

式中：

C——实际植被覆盖度；

I_{NDVI}——归一化植被指数；

$I_{NDVI,\ min}$——评价区归一化植被指数的最小值，取归一化植被指数累积频率 5% 的对应值；

$I_{NDVI,\ max}$——评价区归一化植被指数的最大值，取归一化植被指数累积频率 95% 的对应值。

（二）气候变化决定的实际植被净初级生产力和覆盖度

1. 气候变化决定的实际植被净初级生产力

（1）气候变化决定的实际植被净初级生产力

按公式（B.1）计算：

$$N_{m,\ i+1} = \frac{N_{p,\ i+1}}{N_{p,\ i}} \times N_i \qquad\qquad （B.1）$$

式中：

$N_{m, i+1}$——第 $i+1$ 年气候变化决定的实际植被初级生产力，单位为克碳每平方米（g/m^2）；

$N_{p, i+1}$——第 $i+1$ 年潜在植被净初级生产力，单位为克碳每平方米（g/m^2）；

$N_{p, i}$——第 i 年潜在植被净初级生产力，单位为克碳每平方米（g/m^2）；

N_i——第 i 年实际植被净初级生产力，单位为克碳每平方米（g/m^2），按 A.1~A.3 的方法计算。

（2）潜在植被净初级生产力

潜在植被净初级生产力 $N_{p, i}$ 和 $N_{p, i+1}$ 分别根据第 i 年和第 $i+1$ 年的气候条件，按公式（B.2）计算：

$$N_p = K \times r^2 \times \frac{p \times (1+r+r^2)}{(1+r)(1+r^2)} \times exp\left[-(9.87+6.25r)^{0.5}\right] \tag{B.2}$$

式中：

N_p——潜在植被净初级生产力，单位为克碳每平方米（g/m^2）；

K——单位转换系数，参考值为 50；

r——辐射干燥度，按公式（B.3）计算；

P——年降水量，单位为毫米（mm）。

（3）辐射干燥度（r）

按公式（B.3）计算：

$$r = 0.629 + 0.237E_r - 0.00313E_r^2 \tag{B.3}$$

式中：

r——辐射干燥度；

E_r——可能蒸散率。

（4）可能蒸散率（E_r）

按公式（B.4）计算：

$$E_r = E_t / P = 58.93T_b / P \qquad （B.4）$$

式中：

E_r——可能蒸散率；

E_t——年可能蒸散量，单位为毫米（mm）；

P——年降水量，单位为毫米（mm）；

T_b——年平均生物温度，单位为摄氏度（℃）。

（5）年平均生物温度（T_b）

按公式（B.5）计算：

$$T_b = \sum T_d / 365 或 T_b = \sum T_u / 12 \qquad （B.5）$$

式中：

T_d——小于30℃且大于0℃的日均温，大于30℃时取30℃，小于0℃时取0℃，单位为摄氏度（℃）；

T_u——小于30℃且大于0℃的月均温，大于30℃时取30℃，小于0℃时取0℃，单位为摄氏度（℃）。

2. 气候变化决定的实际植被覆盖度

（1）气候变化决定的实际植被覆盖度

按公式（B.6）计算：

$$C_{m,\ i+1} = \frac{C_{p,\ i+1}}{C_{p,\ i}} \times C_i \qquad （B.6）$$

式中：

$C_{m,\ i+1}$——第 i+1 年气候变化决定的实际植被覆盖度；

$C_{p,\ i+1}$——第 i+1 年潜在植被覆盖度；

$C_{p,\ i}$——第 i 年潜在植被覆盖度；

C_i——第 i 年实际植被覆盖度，按 A.4 的方法计算。

（2）潜在植被覆盖度

潜在植被覆盖度 $C_{p,\ i}$ 和 $C_{p,\ i+1}$ 分别根据第 i 年和第 i+1 年的潜在归一化植被指数，按公式（B.7）计算：

$$C_p = \frac{I_{NDVI,\ p} - I_{NDVI,\min}}{I_{NDVI,\ max} - I_{NDVI,\min}} \qquad （B.7）$$

式中：

C_p——潜在植被覆盖度；

$I_{NDVI,\ p}$——潜在归一化植被指数；

$I_{NDVI,\ min}$——评价区归一化植被指数的最小值，取归一化植被指数累积频率 5% 的对应值；

$I_{NDVI,\ max}$——评价区归一化植被指数的最大值，取归一化植被指数累积频率 95% 的对应值。

（3）潜在归一化植被指数

潜在归一化植被指数（$I_{NDVI,\ p}$）取一年中最大的月潜在归一化植被指数。月潜在归一化植被指数（$I_{NDVI,\ c}$）按公式（B.8）计算：

$$I_{NDVI,\ c} = \frac{100 \times \left[（1 - exp（-0.6L_c）） \right] + 38}{250} \qquad （B.8）$$

式中：

$I_{NDVI,\ c}$——月潜在归一化植被指数；

I_c——月潜在叶面积指数。

（4）月潜在叶面积指数

月潜在叶面积指数（I_c）按公式（B.9）计算：

$$L_c = P_c / \left[\left(64.8D \times t_c \times G_{max}\right) / \left(1 + 0.67G_{max}\right) \right]$$ （B.9）

式中：

L_c——月潜在叶面积指数；

P_c——月降水量，单位为毫米（mm）；

D——月均水汽摩尔分数亏损，单位为摩尔水汽每摩尔空气（mol/mol），按公式（B.10）计算；

t_c——月均日照时间，单位为小时（h），按公式（B.14）计算；

G_{max}——最大气孔导度，单位为摩尔每平米秒 [mol/（$m^2 \cdot s$）]，森林、草原、荒漠和湿地的 G_{max} 取值参考值分别为：0.300、0.287、0.202 和 0.290 mol/（$m^2 \cdot s$）。

（5）月均水汽摩尔分数亏损

月均水汽摩尔分数亏损（D）按公式（B.10）计算：

$$D = \frac{e_c - e_a}{e_0 - 0.378 e_a}$$ （B.10）

式中：

D——月均水汽摩尔分数亏损，单位为摩尔水汽每摩尔空气（mol/mol）；

e_c——月均饱和水汽压，单位为帕（Pa），按公式（B.11）计算；

e_a——月均实际水汽压，单位为帕（Pa），按公式（B.12）计算；

e_0——月均大气压，单位为帕（Pa），按公式（B.13）计算。

（6）月均饱和水汽压

月均饱和水汽压（e_c）按公式（B.11）计算：

$$e_c = 610.8 \times exp\left(\frac{17.27T_c}{T_c + 237.3}\right)$$ （B.11）

式中：

e_c——月均饱和水汽压，单位为帕（Pa）；

T_c——月均气温，单位为摄氏度（℃）。

（7）月均实际水汽压

月均实际水汽压（e_a）按公式（B.12）计算：

$$e_a = e_c \times R_c / 100 \qquad\qquad （B.12）$$

式中：

e_a——月均实际水汽压，单位为帕（Pa）；

e_c——月均饱和水汽压，单位为帕（Pa）；

R_c——月均相对湿度，单位为百分比（%）。

（8）月均大气压

月均大气压（e_0）按公式（B.13）计算：

$$e_0 = 101.3 \times \left((293 - 0.0065H) / 293 \right)^{5.26} \times 10^3 \qquad\qquad （B.13）$$

式中：

e_0——月均大气压，单位为帕（Pa）；

H——海拔高度，单位为米（m）。

（9）月均日照时间

月均日照时间（t_c）取该月每天日照时间之和的平均值。日照时间（t）按公式（B.14）计算：

$$t = \frac{24}{\pi} \times \omega \qquad\qquad （B.14）$$

式中：

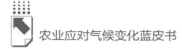
t——日照时间，单位为小时（h）；

ω——日落时角，单位为弧度（rad）。

（10）日落时角

日落时角（ω）按公式（B.15）计算：

$$\omega = \cos^{-1}\left[-\tan(\varphi)\times\tan(\delta)\right]$$ （B.15）

式中：

ω——日落时角，单位为弧度（rad）；

φ——纬度，单位为弧度（rad）；

δ——太阳磁偏角，单位为弧度（rad）。

（11）太阳磁偏角

太阳磁偏角（δ）按公式（B.16）计算：

$$\delta = 0.409\sin\left(\frac{2\pi}{365}j - 1.39\right)$$ （B.16）

式中：

δ——太阳磁偏角，单位为弧度（rad）；

j——日序，取值为 1 到 365 或 366，1 月 1 日的日序为 1。

（三）植被生态质量的气候变化影响

1. 植被生态质量

实际植被生态质量按公式（C.1）计算：

$$Q_{a,\,i} = N_{a,\,i}\times C_{a,\,i}\times S_{a,\,i}$$ （C.1）

式中：

$Q_{a,i}$——第 i 年实际植被生态质量，以碳计，单位为克（g）；

$N_{a,i}$——第 i 年实际植被净初级生产力，以碳计，单位为克每平方米（g/m²），按附录 A 中 A.1 ~ A.3 的方法计算；

$C_{a,i}$——第 i 年实际植被覆盖度，按 A.4 的方法计算；

$S_{a,i}$——第 i 年实际植被地理分布面积，单位为平方米（m²），采用国家或地方政府发布的土地利用产品数据。

气候变化决定的实际植被生态质量按公式（C.2）计算：

$$Q_{m,i+1} = N_{m,i+1} \times C_{m,i+1} \times S_{a,i+1} \tag{C.2}$$

式中：

$Q_{m,i+1}$——第 i+1 年气候变化决定的实际植被生态质量，以碳计，单位为克（g）；

$N_{m,i+1}$——第 i+1 年气候变化决定的实际植被净初级生产力，以碳计，单位为克每平方米（g/m²），按附录 B 中 B.1 的方法计算；

$C_{m,i+1}$——第 i+1 年气候变化决定的实际植被覆盖度，按 B.2 的方法计算；

$S_{a,i+1}$——第 i+1 年实际植被地理分布面积，单位为平方米（m²），采用国家或地方政府发布的土地利用产品数据。

2. 实际植被生态质量变化量

第 i+1 年相对于第 i 年的实际植被生态质量变化量按公式（C.3）计算：

$$\Delta Q_{a,i+1} = Q_{a,i+1} - Q_{a,i} \tag{C.3}$$

式中：

$\Delta Q_{a,i+1}$——第 i+1 年相对于第 i 年的实际植被生态质量变化量，以碳计，单位为克（g）；

$Q_{a,i+1}$——第 i+1 年实际植被生态质量，以碳计，单位为克（g）；

$Q_{a,i}$——第 i 年实际植被生态质量，以碳计，单位为克（g）。

评价期内实际植被生态质量变化量按公式（C.4）计算：

$$Q_s = \sum_{i=1}^{n-1} \Delta Q_{a,i+1} \qquad\qquad （C.4）$$

式中：

Q_s——评价期内实际植被生态质量变化量，以碳计，单位为克（g）；

n——评价期的年份数；

$\Delta Q_{a,i+1}$——第 i+1 年相对于第 i 年的实际植被生态质量变化量，以碳计，单位为克（g）。

3. 气候变化决定的实际植被生态质量变化量

第 i+1 年相对于第 i 年的气候变化决定的植被生态质量变化量按公式（C.5）计算：

$$\Delta Q_{m,\,i+1} = Q_{m,\,i+1} - Q_{a,\,i} \qquad\qquad （C.5）$$

式中：

$\Delta Q_{m,\,i+1}$——第 i+1 年相对于第 i 年的气候变化决定的植被生态质量变化量，以碳计，单位为克（g）；

$Q_{m,\,i+1}$——第 i+1 年气候变化决定的实际植被生态质量，以碳计，单位为克（g）；

$Q_{a,\,1}$——第 i 年实际植被生态质量，以碳计，单位为克（g）。

评价期内气候变化决定的实际植被生态质量变化量按公式（C.6）计算：

$$Q_{ms} = \sum_{i=1}^{n-1} \Delta Q_{m,i+1} \qquad\qquad （C.6）$$

式中：

Q_{ms}——评价期内气候变化决定的实际植被生态质量变化量，以碳计，单位为克（g）；

n——评价期的年份数；

$\Delta Q_{m, i+1}$ ——第 $i+1$ 年相对于第 i 年的气候变化决定的实际植被生态质量变化量，以碳计，单位克（g）。

4. 植被生态质量的气候变化影响（气象贡献率）

气候变化贡献率为气候变化决定的实际植被生态质量变化量与实际植被生态质量变化量的绝对值之比。植被生态质量的气候变化影响采用气候变化贡献率评价，按公式（C.7）计算：

$$F_m = \frac{Q_{ms}}{|Q_s|} \qquad (C.7)$$

式中：

F_m——评价期内植被生态质量变化的气候变化贡献率；

Q_{ms}——评价期内气候变化决定的实际植被生态质量变化量，以碳计，单位为克（g）；

Q_s——评价期内实际植被生态质量变化量，以碳计，单位为克（g）。

当评价期内实际植被生态质量变化量较小，且评价期内实际植被生态质量变化量的绝对值与第 i 年实际植被生态质量的比值小于等于 0.1 时，评价期内实际植被生态质量变化量的绝对值按公式（C.8）计算：

$$|Q_s| = 0.1 \times Q_{a, i} \qquad (C.8)$$

式中：

Q_s——评价期内实际植被生态质量变化量，以碳计，单位为克（g）；

$Q_{a, i}$——第 i 年实际植被生态质量，以碳计，单位为克（g）。

5. 区域植被生态质量的气候变化影响（气象贡献率）

采用区域内所有类型植被评价期内气候变化决定的实际植被生态质量累积变化量与实际植被生态质量累积变化量的绝对值之比。

（四）气候变化贡献评价等级

气候变化贡献率评价等级按表2的规定确定，划分为：高度正贡献、中度正贡献、无贡献、中度负贡献、高度负贡献五级。其中，气候变化贡献率为正值，表示气候变化有利于植被生态质量提升；气候变化贡献率为负值，表示气候变化不利于植被生态质量提升。

表 2　气候变化贡献率评价等级		
评价期内植被生态质量变化的气候变化贡献率（F_m）	评价等级	释义
$F_m \geqslant 1$	高度正贡献	气候变化极有利于植被生态质量提升
$0.1 < F_m < 1$	中度正贡献	气候变化有利于植被生态质量提升
$-0.1 \leqslant F_m \leqslant 0.1$	无贡献	气候变化对植被生态质量影响不显著
$-1 < F_m < -0.1$	中度负贡献	气候变化不利于植被生态质量提升
$F_m \leqslant -1$	高度负贡献	气候变化极不利于植被生态质量提升

（五）生态功能

1. 水源涵养量

$$Q_{wr} = \left[\sqrt[\omega]{1 + \left(\frac{PET}{P} \right)^\omega} - \frac{PET}{P} - u \right] \times P \qquad （D.1）$$

采用 Invest 模型计算，式中：

Q_{wr}——水源涵养量（mm）；

P——降水量（mm）；

PET——潜在蒸散量（mm）；

ω——由自然气候和土壤性质决定的非物理经验参数；

u——径流系数。

（1）径流系数（u）

$$\begin{cases} u = \dfrac{(P - \dfrac{5080}{CN} + 50.8)^2}{P(P + \dfrac{20320}{CN})}, & P \geq 0.2W \\ u = 0, & P < 0.2W \end{cases} \tag{D.2}$$

$$W = \frac{25400}{CN} - 254$$

式中：

CN——径流曲线数，反映降水前流域下垫面特征的综合参数（见表3）；

P——降水量（mm）；

W——最大滞留量（mm）。

（2）潜在蒸散量（PET）

$$PET = K_c \times ET_0 \tag{D.3}$$

式中：

ET_0——参考作物蒸散量（mm）；

K_c——蒸散系数（见表3）。

（3）非物理经验参数（ω）

$$\omega = Z\frac{AWC}{P} + 1.25 \tag{D.4}$$

式中：

AWC——植被有效可利用水含量（mm）；

Z——Zhang 系数（1~10），取默认值 1。

表3　不同土地利用类型的径流曲线数（CN）和蒸散系数（Kc）			
代码	土地利用类型	CN	Kc
11	水田	73	1
12	旱地	44	0.8
20	林地	56	1
30	草地	59	0.75
40	水域	98	1.2
50	城乡、工矿、居民用地	81	0.1
60	未利用地	87	0.2

2. 水土保持量

采用修正通用水土流失方程（RUSLE）的水土保持服务模型开展评价，公式如下：

$$A_c = A_p - A_r = R \times K \times LS \times C_{\max} - R \times K \times LS \times C \qquad （D.5）$$

式中：

Ac——水土保持量（t/hm^2·a）；

Ap——潜在土壤侵蚀量；

Ar——实际土壤侵蚀量；

R——降雨侵蚀力因子（MJ·mm/hm·h^2·a）；

K——土壤可蚀性因子（t·hm^2·h)/（MJ·hm^2·mm）；

LS——坡长坡度因子；C　　——植被覆盖因子；

C$_{\max}$——多年月最大植被覆盖因子。

（1）降雨侵蚀力因子 R 计算

选用郑海金方法（郑海金，2010），P 为降水量。

$$R = \sum\nolimits_{j=1}^{12} 0.312 \mathrm{P}_{j}^{1.4942} \tag{D.6}$$

（2）土壤可蚀性因子 K 计算

$$K = \frac{\left[2.1 \times 10^{-4} \left(12 - OM \right) M^{1.14} + 3.25 \left(S - 2 \right) + 2.5 \left(P - 3 \right) \right]}{100} \times Ratio \tag{D.7}$$

式中：

K——土壤可蚀性因子（t·hm²·h)/(MJ·hm²·mm)；

OM——土壤有机质含量百分比（%）；

M——土壤颗粒级配参数（无量纲）；

S——土壤结构系数（无量纲）；

P——渗透等级（无量纲）；

Ratio——美国制单位转换为国际制单位的转换系数（无量纲，取值为 0.1317）。

（3）坡长坡度因子 LS 计算

$$L = \left(\frac{\Upsilon}{22.13} \right) m \begin{cases} m = 0.5 & \theta \geq 9\% \\ m = 0.4 & 3\% \leq \theta < 9\% \\ m = 0.3 & 1\% \leq \theta < 3\% \\ m = 0.2 & \theta < 1\% \end{cases} \quad s = \begin{cases} 10.8 \ \sin\theta + 0.03 & \theta < 9\% \\ 16.8 \ sin\theta - 0.50 & 9\% \leq \theta \leq 18\% \\ 21.91 \ sin\theta - 0.96 & \theta > 18\% \end{cases} \tag{D.8}$$

式中：

L——坡长因子（无量纲）；

γ——坡度（m）；

m——常数项（无量纲，取决于坡度大小）；

S——坡度因子（无量纲）；

287

θ ——坡度（%）。

（4）植被覆盖因子（C）

$$c=\begin{cases} 1 & F_c \\ 0.6508-0.3436\log F_c & 0<F_c \leq 78.3\% \\ 0 & F_c>78.3\% \end{cases}$$ （D.9）

式中：

C——植被覆盖因子（无量纲）；

Fc——植被覆盖度（%）。

参考文献

1. 白娥、薛冰：《土地利用与土地覆盖变化对生态系统的影响》，《植物生态学报》2020 年第 5 期。

2. 陈美祺、邵全琴、宁佳等：《青藏高原不同生态地理区生态恢复状况分析》，《草地学报》2023 年第 4 期。

3. 陈珊珊、温兆飞、马茂华等：《气候变化背景下定量解析生态工程对植被动态的影响研究方法概述》，《生态学报》2022 年第 15 期。

4. 陈淑君、许国昌、吕志平等：《中国植被覆盖度时空演变及其对气候变化和城市化的响应》，《干旱区地理》2023 年第 5 期。

5. 陈怡平、傅伯杰：《关于黄河流域生态文明建设的思考》，《中国科学报》2019 年 12 月 20 日。

6. 杜加强、贾尔恒·阿哈提、赵晨曦等：《1982–2012 年新疆植被 NDVI 的动态变化及其对气候变化和人类活动的响应》，《应用生态学报》2015 年第 26 期。

7. 付乐、迟妍妍、于洋等：《2000—2020 年黄河流域土地利用变化特征及影响因素分析》，《生态环境学报》2022 年第 10 期。

8. 傅伯杰：《黄土高原土地利用变化的生态环境效应》，《科学通报》2022 年第 32 期。

9. 傅伯杰、欧阳志云、施鹏等：《青藏高原生态安全屏障状况与保护对策》，《中国科学院院刊》2021 年第 11 期。

10. 傅伯杰、田汉勤、陶福禄等：《全球变化对生态系统服务的影响》，《中国基础科学》2017 年第 6 期。

11. 高吉喜：《划定生态保护红线，推进长江经济带大保护》，《环境保护》

2016 年第 15 期。

12. 国家发展改革委、自然资源部、水利部等：《（2021-2035 年）青藏高原生态屏障区生态保护和修复重大工程建设规划》，2021。

13. 国家发展改革委、自然资源部：《全国重要生态系统保护和修复重大工程总体规划（2021-2035 年）》，2020。

14. 国务院新闻办公室：《青藏高原生态文明建设状况》白皮书，2019。

15. 何再军、程江浩、刘悦俊等：《1990-2020 年土地利用和气候变化对青藏高原生态系统调节服务的影响》，《冰川冻土》2023 年第 5 期。

16. 汲玉河、周广胜、王树东等：《2000-2019 年秦岭地区植被生态质量演变特征及驱动力分析》，《植物生态学报》2021 年第 6 期。

17. 计伟、刘海江、高吉喜等：《黄河流域生态质量时空变化分析》，《环境科学研究》2021 年第 7 期。

18. 纪平、邵全琴、王敏等：《中国三北防护林工程第二阶段生态效益综合评价》，《林业科学》2022 年第 11 期。

19. 李双成、张才玉、刘金龙等：《生态系统服务权衡与协同研究进展及地理学研究议题》，《地理研究》2013 年第 8 期。

20. 李月皓、王晓峰、楚冰洋等：《青藏高原生态屏障生态系统时空演变及驱动机制》，《生态学报》2022 年第 21 期。

21. 连虎刚、曲张明、刘春芳等：《北方防沙带河西走廊段景观格局时空演变及其防风固沙服务响应》，《应用生态学报》2023 年第 9 期。

22. 刘纪远、匡文慧、张增祥等：《20 世纪 80 年代末以来中国土地利用变化的基本特征与空间格局》，《地理学报》2014 年第 1 期。

23. 刘军会、高吉喜：《气候和土地利用变化对中国北方农牧交错带植被覆盖变化的影响》，《应用生态学报》2008 年第 9 期。

24. 罗刚：《基于植被恢复潜力实现的退牧还草生态效果评价与优化——以改则县围栏禁牧工程为例》，硕士学位论文，西北农林科技大学，2021。

25. 骆永明：《中国海岸带可持续发展中的生态环境问题与海岸科学发展》，《中国科学院院刊》2016 年第 10 期。

26. 牟雪洁、饶胜：《青藏高原生态屏障区近十年生态环境变化及生态保护对策研究》，《环境科学与管理》2015 年第 8 期。

27. 牟雪洁、赵昕奕、饶胜等：《青藏高原生态屏障区近 10 年生态系统结构变化研究》，《北京大学学报》（自然科学版）2016 年第 2 期。

28. 欧阳梦玥、陈琼：《湟源县生态工程实施效应分析》，《青海环境》2022 年第 1 期。

29. 欧阳帅、项文化、陈亮等：《南方山地丘陵区森林植被恢复对水土流失调控机制》，《水土保持学报》2021 年第 5 期。

30. 彭苏萍：《煤炭资源强国战略研究》，科学出版社，2018。

31. 乔圣超、喻朝庆、黄道等：《"碳中和"下光伏对西北荒漠生态因子与植被分布的影响》，《草地学报》2023 年第 5 期。

32. 石智宇、王雅婷、赵清等：《2001—2020 年中国植被净初级生产力时空变化及其驱动机制分析》，《生态环境学报》2022 年第 11 期。

33. 史志华、刘前进、张含玉等：《近十年土壤侵蚀与水土保持研究进展与展望》，《土壤学报》2020 年第 5 期。

34. 苏凯、孙小婷、王茵然等：《基于 GIS 与 RS 的北方防沙屏障带生态系统格局演变》，《农业机械学报》2020 年第 9 期。

35. 苏凯、王计平、王茵然等：《基于 HYSPLIT 和 PSCF 的防风固沙生态服务功能空间模拟》，《农业机械学报》2020 年第 10 期。

36. 孙高鹏、刘宪锋、王小红等：《2001—2020 年黄河流域植被覆盖变化及其影响因素》，《中国沙漠》2021 年第 4 期。

37. 孙鸿烈、郑度、姚檀栋等：《青藏高原国家生态安全屏障保护与建设》，《地理学报》2012 年第 1 期。

38. 汤秋鸿、刘星才、周园园等：《"亚洲水塔"变化对下游水资源的连锁效应》，《中国科学院院刊》2019 年第 11 期。

39. 王超、侯鹏、刘晓曼等：《中国重要生态系统保护和修复工程区域植被覆盖时空变化研究》，《生态学报》2021 年第 21 期。

40. 王静、王克林、张明阳等：《南方丘陵山地带植被净第一性生产力时空动态特征》，《生态学报》2015 年第 11 期。

41. 王洋洋、肖玉、谢高地等：《基于 RWEQ 的宁夏草地防风固沙服务评估》，《资源科学》2019 年第 5 期。

42. 吴川东、苏泽兵、刘鹄等：《干旱、半干旱区光伏发电设施的生态－水文效应研究评述》，《高原气象》2021 年第 3 期。

43. 吴东旭：《三北防护林退化现状及更新修复对策》，《防护林科技》2020 年第 9 期。

44. 吴宜进、赵行双、奚悦等：《基于 MODIS 的 2006-2016 年西藏生态质量综合评价及其时空变化》，《地理学报》2019 年第 7 期。

45. 谢艳玲、夏正清、王涛等：《黄河流域植被 NPP 时空变化及其对水热条件和退耕还林还草工程实施的响应》，《测绘通报》2023 年第 2 期。

46. 徐雨晴、肖风劲、於琍：《中国森林生态系统净初级生产力时空分布及其对气候变化的响应研究综述》，《生态学报》2020 年第 14 期。

47. 薛蕾、徐承红：《长江流域湿地现状及其保护》，《生态经济》2015 年第 12 期。

48. 杨丹、王晓峰：《黄土高原气候和人类活动对植被 NPP 变化的影响》，《干旱区研究》2022 年第 2 期。

49. 杨利、石彩霞、谢炳庚：《长江流域国家湿地公园时空演变特征及其驱动因素》，《经济地理》2019 年第 11 期。

50. 杨阳、宋乃平、刘秉儒等：《农牧交错带土地利用格局演变研究进展》，《环境工程》2015 年第 3 期。

51. 杨泽康、田佳、李万源等：《黄河流域生态环境质量时空格局与演变趋势》，《生态学报》2021 年第 19 期。

52. 袁烽迪、张溪、魏永强：《青藏高原生态屏障区生态环境脆弱性评价研究》，《地理空间信息》2018 年第 4 期。

53. 张宪洲、杨永平、朴世龙等：《青藏高原生态变化》，《科学通报》2015 年第 32 期。

54. 中国气象局气候变化中心：《中国气候变化蓝皮书（2022）》，科学出版社，2022。

55. 周广胜、周莉、汲玉河等：《黄河水生态承载力的流域整体性和时空连通性》,《科学通报》2021 年第 22 期。

56. 朱教君、张秋良、王安志等:《东北地区森林生态系统质量与功能提升对策建议》,《陆地生态系统与保护学报》2022 年第 5 期。

57. 朱教君、郑晓:《关于三北防护林体系建设的思考与展望——基于 40 年建设综合评估结果》,《生态学杂志》2019 年第 5 期。

58. 朱金兆、周心澄、胡建忠:《对三北防护林体系工程的思考与展望》,《水土保持研究》2004 年第 1 期。

59. 朱琪、王亚楠、周旺明等:《东北森林带生态脆弱性时空变化及其驱动因素》,《生态学杂志》2021 年第 11 期。

60. 自然资源部:《海岸带生态保护和修复重大工程建设规划(2021—2035年)》, 2021。

61. Friedlingstein, P., M. O'sullivan, M. W. Jones, et al., "Global carbon budget 2020", *Earth System Science Data*, 2020, 12: 3269-3340.

62. Ji, Y., G., Zhou, T., Luo, et al., "Variation of net primary productivity and its drivers in China's forests during 2000–2018", *Forest Ecosystems,* 2020, 7:15.

63. Wen, X., and T. Jérôme, "Assessment of ecosystem services in restoration program in China: A systematic review", *AMBIO: A Journal of the Human Environment,* 2019, 49: 584-592.

64. Xu, J., Y., Xiao, G., Xie, et al., "The spatio-temporal disparities of areas benefitting from the wind erosion prevention service", *International Journal of Environmental Research Public Health,* 2018, 15(7): 1510.

65. Zhang, Y., C., Peng, W., Li, et al., "Multiple afforestation programs accelerate the greenness in the 'Three North' region of China from 1982 to 2013", *Ecological Indicators,* 2016, 61: 404-412.

社会科学文献出版社

皮 书

智库成果出版与传播平台

❖ 皮书定义 ❖

皮书是对中国与世界发展状况和热点问题进行年度监测，以专业的角度、专家的视野和实证研究方法，针对某一领域或区域现状与发展态势展开分析和预测，具备前沿性、原创性、实证性、连续性、时效性等特点的公开出版物，由一系列权威研究报告组成。

❖ 皮书作者 ❖

皮书系列报告作者以国内外一流研究机构、知名高校等重点智库的研究人员为主，多为相关领域一流专家学者，他们的观点代表了当下学界对中国与世界的现实和未来最高水平的解读与分析。

❖ 皮书荣誉 ❖

皮书作为中国社会科学院基础理论研究与应用对策研究融合发展的代表性成果，不仅是哲学社会科学工作者服务中国特色社会主义现代化建设的重要成果，更是助力中国特色新型智库建设、构建中国特色哲学社会科学“三大体系”的重要平台。皮书系列先后被列入“十二五”“十三五”“十四五”时期国家重点出版物出版专项规划项目；自2013年起，重点皮书被列入中国社会科学院国家哲学社会科学创新工程项目。

权威报告・连续出版・独家资源

皮书数据库
ANNUAL REPORT(YEARBOOK)
DATABASE

分析解读当下中国发展变迁的高端智库平台

所获荣誉

- 2022年，入选技术赋能"新闻+"推荐案例
- 2020年，入选全国新闻出版深度融合发展创新案例
- 2019年，入选国家新闻出版署数字出版精品遴选推荐计划
- 2016年，入选"十三五"国家重点电子出版物出版规划骨干工程
- 2013年，荣获"中国出版政府奖・网络出版物奖"提名奖

皮书数据库　　"社科数托邦"
　　　　　　　微信公众号

成为用户

　　登录网址www.pishu.com.cn访问皮书数据库网站或下载皮书数据库APP，通过手机号码验证或邮箱验证即可成为皮书数据库用户。

用户福利

- 已注册用户购书后可免费获赠100元皮书数据库充值卡。刮开充值卡涂层获取充值密码，登录并进入"会员中心"—"在线充值"—"充值卡充值"，充值成功即可购买和查看数据库内容。
- 用户福利最终解释权归社会科学文献出版社所有。

数据库服务热线：010-59367265
数据库服务QQ：2475522410
数据库服务邮箱：database@ssap.cn
图书销售热线：010-59367070/7028
图书服务QQ：1265056568
图书服务邮箱：duzhe@ssap.cn

社会科学文献出版社　皮书系列
SOCIAL SCIENCES ACADEMIC PRESS (CHINA)

卡号：116311111155
密码：

S 基本子库
SUB DATABASE

中国社会发展数据库（下设 12 个专题子库）

紧扣人口、政治、外交、法律、教育、医疗卫生、资源环境等 12 个社会发展领域的前沿和热点，全面整合专业著作、智库报告、学术资讯、调研数据等类型资源，帮助用户追踪中国社会发展动态、研究社会发展战略与政策、了解社会热点问题、分析社会发展趋势。

中国经济发展数据库（下设 12 专题子库）

内容涵盖宏观经济、产业经济、工业经济、农业经济、财政金融、房地产经济、城市经济、商业贸易等 12 个重点经济领域，为把握经济运行态势、洞察经济发展规律、研判经济发展趋势、进行经济调控决策提供参考和依据。

中国行业发展数据库（下设 17 个专题子库）

以中国国民经济行业分类为依据，覆盖金融业、旅游业、交通运输业、能源矿产业、制造业等 100 多个行业，跟踪分析国民经济相关行业市场运行状况和政策导向，汇集行业发展前沿资讯，为投资、从业及各种经济决策提供理论支撑和实践指导。

中国区域发展数据库（下设 4 个专题子库）

对中国特定区域内的经济、社会、文化等领域现状与发展情况进行深度分析和预测，涉及省级行政区、城市群、城市、农村等不同维度，研究层级至县及县以下行政区，为学者研究地方经济社会宏观态势、经验模式、发展案例提供支撑，为地方政府决策提供参考。

中国文化传媒数据库（下设 18 个专题子库）

内容覆盖文化产业、新闻传播、电影娱乐、文学艺术、群众文化、图书情报等 18 个重点研究领域，聚焦文化传媒领域发展前沿、热点话题、行业实践，服务用户的教学科研、文化投资、企业规划等需要。

世界经济与国际关系数据库（下设 6 个专题子库）

整合世界经济、国际政治、世界文化与科技、全球性问题、国际组织与国际法、区域研究 6 大领域研究成果，对世界经济形势、国际形势进行连续性深度分析，对年度热点问题进行专题解读，为研判全球发展趋势提供事实和数据支持。

法律声明

　　"皮书系列"（含蓝皮书、绿皮书、黄皮书）之品牌由社会科学文献出版社最早使用并持续至今，现已被中国图书行业所熟知。"皮书系列"的相关商标已在国家商标管理部门商标局注册，包括但不限于LOGO（ ▧ ）、皮书、Pishu、经济蓝皮书、社会蓝皮书等。"皮书系列"图书的注册商标专用权及封面设计、版式设计的著作权均为社会科学文献出版社所有。未经社会科学文献出版社书面授权许可，任何使用与"皮书系列"图书注册商标、封面设计、版式设计相同或者近似的文字、图形或其组合的行为均系侵权行为。

　　经作者授权，本书的专有出版权及信息网络传播权等为社会科学文献出版社享有。未经社会科学文献出版社书面授权许可，任何就本书内容的复制、发行或以数字形式进行网络传播的行为均系侵权行为。

　　社会科学文献出版社将通过法律途径追究上述侵权行为的法律责任，维护自身合法权益。

　　欢迎社会各界人士对侵犯社会科学文献出版社上述权利的侵权行为进行举报。电话：010-59367121，电子邮箱：fawubu@ssap.cn。

社会科学文献出版社